TURING 图灵新知

数学的雨伞下

理解世界的乐趣

Le théorème du parapluie

ou l'art d'observer le monde dans le bon sens

〔法〕米卡埃尔·洛奈——著
Mickaël Launay

〔法〕克洛伊·布沙伍尔——绘
Chloé Bouchaour

欧瑜——译

人民邮电出版社
北京

图书在版编目（CIP）数据

数学的雨伞下：理解世界的乐趣 /（法）米卡埃尔
·洛奈著；（法）克洛伊·布沙伍尔绘；欧瑜译 . -- 北
京：人民邮电出版社，2023.6（2024.7重印）
（图灵新知）
ISBN 978-7-115-61640-1

Ⅰ.①数… Ⅱ.①米… ②克… ③欧… Ⅲ.①数学－
普及读物 Ⅳ.①O1-49

中国国家版本馆CIP数据核字(2023)第070531号

内 容 提 要

　　在了解这个世界的过程中，现实经常会挑战我们的感官和直觉，让我们震惊不已。这时，数学就像一把雨伞，当撑开这把雨伞时，我们仿佛进入了一个奇特的世界，有了迈向真相、行走在谜团中的勇气；当收起这把雨伞时，我们会发现自己的认知已大不一样，所谓的"理所应当"和"显而易见"将被摒弃，现实背后隐藏的真相将带来巨大的启发。这就是数学的力量。

　　从代数、几何到相对论，从温度计到黑洞，作者用简洁而生动的笔触阐释了如何更好地思索、观察与理解世界。让我们带上好奇心，撑开数学这把大伞，在宇宙的奥秘中漫步，体会解开疑惑后，如雨过天晴般的愉悦。本书适合对数学、物理感兴趣的读者阅读。

◆　著　　　　[法] 米卡埃尔·洛奈（Mickaël Launay）
　　绘　　　　[法] 克洛伊·布沙伍尔（Chloé Bouchaour）
　　译　　　　欧　瑜
　　责任编辑　戴　童
　　责任印制　胡　南
◆　人民邮电出版社出版发行　　北京市丰台区成寿寺路11号
　　邮编　100164　电子邮件　315@ptpress.com.cn
　　网址　https://www.ptpress.com.cn
　　三河市中晟雅豪印务有限公司印刷
◆　开本：720×960　1/16
　　印张：17.75　　　　　　　2023年6月第1版
　　字数：204千字　　　　　　2024年7月河北第9次印刷
　　著作权合同登记号　图字：01-2020-7636号

定价：89.80元
读者服务热线：(010) 84084456-6009　印装质量热线：(010) 81055316
反盗版热线：(010) 81055315
广告经营许可证：京东市监广登字20170147号

引言

1980 年，法国格勒诺布尔数学教育研究所（IREM）的老师向一群孩子提出了下面这个谜语般的问题：

一艘船上有 26 只绵羊和 10 只山羊，请问船长多少岁？

这个问题很奇怪。船长的年龄与绵羊和山羊的数量能有什么关系呢？但是，在被问到的近 200 名 7 至 8 岁的小学生中，有 75% 的孩子给出了答案，并且没有表示出疑惑。很多孩子把两个数字相加，得到了 36。但在对 9 至 10 岁的儿童进行同样的测试时，大多数孩子开始表示抗议，并拒绝作答。只有 20% 的孩子毫无保留地做出了回答。在两年中，孩子们的批判性思维变得更加完善。这些孩子的洞察力得到了发展，并懂得退一步去客观理解自己在做什么。

我必须承认，我在他们这个年纪的时候对脑筋急转弯式的难题颇感兴趣。那些挑逗你大脑的问题，说到底，更多地是玩笑而非数学问题。我的最爱之一是下面这道题。

一支由 50 名音乐家组成的管弦乐队用 70 分钟演奏了贝多芬的《第九交响曲》。那么，一支由 100 名音乐家组成的管弦乐队演奏同一曲目需要多长时间？

当然了，交响曲的持续时间并不取决于音乐家的人数，70 分钟还会是 70 分钟。我还特别喜欢这个问题：1 千克羽毛和 1 千克铅，哪个更重？哪个都不会更重，因为它们的重量是相同的：1 千克。

我当时还不知道，这个驯化事物含义的过程远比我所想象的更长。我越往前走，就越会发现词语含义的微妙之处和我对这个世界的理解中存在的漏洞。当然了，作为成年人，我们不会再落入孩提时代的陷阱。但认为我们从此可以免于其他窥伺在侧的偏见，那就错了。我们的直觉会欺骗我们，而我们认为理所当然的事情有时候是错误的。我想，我在自己 35 岁这年可以这么说，从小学开始，我在生命中的每一年都会意识到，我对一些事情自以为是的理解是错误的。

正因为想要了解这个世界，正因为对环绕在周围的这个宇宙感到好奇，我们才会每每备受冲击。说到底，人类历史上伟大智者们所做的，与那些学会拒绝回答船长年龄的孩子们所做的并无二致。这些智者怀疑眼前所见之事，并试图看得更远。他们奋起反抗既定的秩序。科学是考问的奇妙领地，而数学则是它最强大的工具之一。

研究数学，就是窥探这个世界幕后的隐秘，就是潜入后台去观察推动宇宙运转的巨大齿轮。这番奇观令人眼花缭乱，但也令人心神不宁。现实挑战着我们的感官和直觉。它并非如我们所想。它颠覆了我们的先验，并把我们最为隐秘的理所应当扫除一空。最不出奇的细节中可能隐藏着巨大的谜团，而孩子眼中的谜题有时可能比表面看起来更为深奥。

你瞧，下面是另一个例子。

如果 4 只母鸡在 4 天内下了 4 个蛋，那么 8 只母鸡在 8 天内会下多少个蛋呢？

我先让你思考一下，稍后我们再回到这个问题上来。我能告诉你的就是，在 10 岁第一次看到这个问题的时候，我远远无法想象它有一天能够帮助我去理解史上最著名的数学方程。

　　好吧，如果你愿意跟我一道，那我们就一起出发去探险吧。在这段旅程中，我们可能会遭遇艰难的时刻，但我们不会在弹指之间就改变自己的思维方式，还会碰到需要克服的疑虑和有待成熟的想法。但请坚持住，理解的乐趣会让你为此付出的努力得到千百倍的回报。翻过这一页，我们的数学之旅就正式开始了，我们将一起去发现这个世界里一些最为美丽的隐秘机制。抬起你的双眼，看看周围的风景：在我们的旅行结束后，你可能不会再以同样的方式去看待这个宇宙——你的宇宙。

目录

第 一 章

超市定律

本福特定律

数学之旅有时始于平凡无奇的场所。

至于我们这段旅程的起点，我建议就定在街角的超市。你肯定知道某个离你家不远的超市。你在那里养成了自己的购物习惯。无论是大型购物中心还是乡间小卖部，都无关紧要，只要是能够找到满足日用之需的基础产品的超市就好。

你对超市里的氛围早已司空见惯。你已经来过这里上百次，甚至上千次。顺序排列的货架、金属台架、收银台扫描条形码时发出的规律声响，还有四处走动、无意识地抓起一瓶牛奶或几瓶罐头的顾客。但是今天，我们不是来购物的，而是来执行观察任务的。

这个地方隐藏着最引人入胜的数学宝藏之一。这么多年来，它一直都在你的眼前。它甚至没有丝毫的遮掩，你在此刻就能看到它。它是一个小小的反常之处。它是那些在你眼皮底下毫不起眼的细节之一，看似一无所用，却可能引得暗中窥探的观察者心生疑惑。拿出你的小本子或智能手机准备好做记录吧，我们的调查开始了。

看看货架上依次排列的价格标签。2.30 €、1.08 €、12.49 €、3.53 €……在我们一个接一个地快速扫过价格标签的时候，所有这些数似乎都是完全随机的。1.81 €、22.90 €、0.64 €……价格范围从几分到几十欧元。但我们要关注的不是细节。忘记小数点和小数吧。只看每个价格的首位有效数字，这是最重要的数字，它给出了近似值。

你看到一瓶标价为 1.54 €的 530 克水果罐头，在你的本子上记为 1。再走几步，一瓶标价为 3.53 €的 24 小时除臭剂，记为 3。一块标价为

1.81 €的 250 克奶酪，记为 1。一口标价为 45.90 €的不粘锅，这个价格有两位数，但不要紧，我们只关注首位数字，记为 4。一包标价为 0.74 €的烤花生米，这个价格的首位有效数字是 7。

我们就这样在超市里随意地走动了几分钟，记录的数字也越积越多。1 3 1 4 7 9 2 2 1 7 9 8 1 1 3 1 1 1 8 1 1 2 1 2 1 1 9 1 4 7 1 6 1 5 9 2 2 1 3 2 2 2 1 2 2 6……但随着记录的继续，一个小小的疑问出现了。你不觉得这串数字有什么不对头的地方吗？就好像其中存在着某种不平衡。这串数字主要由数字 1 和 2 组成，间或出现了几个 3、4、5、6、7、8 和 9。仿佛我们在无意识的情况下自然而然地被最低价格所吸引。这里有问题。

那我们就向统计学家学习，严谨行事：从现在开始，谨防自己的偏见，采用一种系统性的方法。我们随机挑选几排货架，并把每排货架上所有产品的价格无一例外地记录下来。这是一项费事的工作，但你必须做到心中有数。

一小时后，你的本子上记了整整几页的成串数字。是时候做个小结了。经过计算，结果毋庸置疑，其中呈现的趋势一目了然。你记录了一千多种产品的价格，其中将近三分之一的数是以 1 开头的！超过四分之一的数以 2 开头，数越大，在记录中出现的次数越少。

图 1.1 是整理得到的首位数字的占比图 [1]。

---

[1]　这是作者按照文中所述方法，从 2019 年 1 月在法国超市记录的 1226 个价格中得到的结果：以 1 开头的有 391 个（31.9%），以 2 开头的有 315 个（25.7%），以 3 开头的有 182 个（14.8%），以 4 开头的有 108 个（8.8%），以 5 开头的有 66 个（5.4%），以 6 开头的有 50 个（4.1%），以 7 开头的有 40 个（3.3%），以 8 开头的有 30 个（2.4%），以 9 开头的有 44 个（3.6%）。

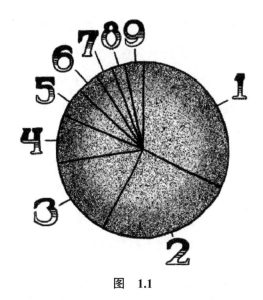

图   1.1

这一次，我们无法再认为这是一种简单的随机效应，或是自己对产品有偏向性的选择了。我们必须承认，这是一个事实：超市里货品价格的首位数字分布不均衡——较小的数字在数量上具有显而易见的优势。

这种不均衡从何而来？这就是我想对你提出的问题。这些价格标签遵循了什么样的超市、商业或经济定律，才会呈现出这种奇怪的结果呢？为什么这些价格的首位数字会分布不均呢？数学难道不应该对所有的数字都一视同仁吗？数学应该是没有偏见、没有青睐，也没有最爱的。然而事实就摆在眼前，而且与我们的预想明显相反。在超市里，数学有它自己的"宠儿"，"宠儿"名叫 1 和 2。

我们已经观察到了，也已经确认过了。现在，我们需要思考、分析和抽丝剥茧。我们的手中握有了事实，是时候展开调查并得出结论了。

1938 年 3 月，美国工程师和物理学家弗兰克·本福特（Frank Benford）发表了《反常数定律》（"The Law of Anomalous Numbers"）一文，他在这篇文章中分析了来自两万多个不同观察源的数字数据。在他的列表中，我们可以看到世界各地河流的长度、美国不同城市的人口、已知原子质量的测定值、新闻报纸上随机获取的数字，甚至还有数学常数。对于所有这些数据，本福特每次得到的观察结果都和我们的一样：首位数字分布不均衡。其中约有 30% 的数以 1 开头，18% 的数以 2 开头，这一百分比持续下降，直到数字 9，以 9 开头的数仅占 5%（图 1.2）。

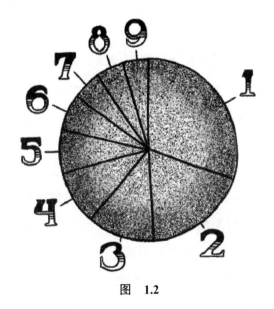

图　1.2

本福特没有想到通过超市的价格标签去验证自己的统计结果。但我们不得不承认，他得到的结果与我们的结果出奇地相似——当然，在百分比上会有些微的变化，但就整体趋势而言，相似度高得令人惊讶。

本福特的研究表明，我们收集到的数据并非孤例。它们并非超市的运作方式所特有的，而是植根在一种更为广泛的趋势之中。1938年以后，很多科学家在越来越极端且越来越多样化的情况中观察到了相同的分布态势。

以人口学为例：在调查统计到的地球上的 203 个国家 / 地区中，有 62 个国家 / 地区（即 30.5%）的人口的首位数字是 1。首先是中国，拥有约 14 亿人口。我们还会发现，在这 62 个国家 / 地区中，墨西哥拥有约 1.22 亿人口，塞内加尔拥有约 1300 万人口，图瓦卢群岛拥有约 10 800 人口。相反，只有 14 个国家 / 地区（即 6.9%）的人口数量是以数字 9 开头的。

你更喜欢天文学吗？在绕太阳公转的八大行星中，有四颗行星的赤道直径是以 1 开头的。木星直径约为 142 984 千米，土星直径约为 120 536 千米，地球直径约为 12 756 千米，金星直径约为 12 104 千米。太阳本身的直径约为 1 392 000 千米。如果用这九个天体的样本数据还不足以得出一种可靠的趋势，那么就再加上矮星、卫星、小行星和彗星，你将总是得到同一个观察结果：数字 1 占据绝对优势。

一旦我们开始对此加以关注，实例就会接踵而来。取一张来自任意情境的数字列表，分析这些数的首位数字，你一定会发现：本福特的数字分布总是一而再，再而三地出现。这一统计定律远非一种例外，它看起来完全是浑然天成、无处不在的。矛盾的是，我们在直觉上认为本该更为合理的均衡分布，在世界上似乎根本不存在。

在这个层面上，超市里的观察结果就完全谈不上有什么奇异之处了。我们刚刚揭晓的是一条名副其实的定律，这条定律不仅支配着人类活动的很多领域，而且还在自然最为隐秘的结构中支配着自然本身。理解这条定律，就是理解关于我们的世界及其运转方式的某些深层的东西。

这条定律的影响之大，能让我们在毫无意识的情况下不断地复现它。给超市货品定价的人不一定会互相商量，他们中的大多数人也从未听说过弗兰克·本福特。但是，他们却仿佛在某种超越了他们的力量的支配下，不知不觉地遵从了本福特定律。各国人口、河流长度和行星直径的数值也是一样。

1938 年，弗兰克·本福特把这种分布命名为"反常数定律"。但是，这条定律无处不在，以"反常"命名听来并不适合。"反常"只是主观的判断，它只在那些对此感到讶异的人眼中才存在。相反，大自然似乎觉得这条定律实在是再普通不过。定律只有在不为我们所了解时才会是"反常"的。而我们正打算去了解它。

那么，该朝哪个方向出发呢？我们的思路该沿着哪条轨迹去揭开反常的面纱，并让奥秘变成显而易见之事呢？

本福特定律理解起来并不复杂，但解释起来几句话说不清楚。这条定律背后的数学原理简单而深刻。我们面对的不是一道忽然间顿悟并惊呼"啊，原来如此，我明白了！"就能得出答案的谜题。需要改变的是我们对数字的理解和计数方式。如果说本福特定律在我们看来并非一目了然，那是因为我们的思维方式不对头。我们必须学会从不同的角度去看待自以为已经很了解的事物，我们必须审视自己。

走进弗兰克·本福特刚刚为我们打开的世界游逛一圈，等你从中出来的时候不可能还是原来的样子。本福特定律改变了你。一旦你理解了它，你就再也不会以同样的方式思考了。

乘法思维

日常生活总在低声告诉我们，我们在数字方面不大行……有什么东西不大对劲。

关于这一点，我想跟你讲一件趣事。

几年前的一天晚上，我跟朋友们在一起玩游戏，一位朋友提议玩一个科学知识问答的游戏。我们分成两个小组，两组人马必须回答一系列关于数学、地质学，还有生物学或计算机科学的问题。两个小组必须对每个问题给出一个答案，最接近正确答案的小组得一分。游戏规则看起来既简单又明确。然而，经过几轮之后，一个天文学问题引发了意想不到的争议。

这个问题是地球和月球之间的距离。

我们这组没人知道确切的答案，但经过商讨之后，我们给出的答案是 80 万千米。另一组的讨论似乎更加激烈，但过了一会儿，他们也给出了答案：10 千米！

显然，他们对天文学的了解比我们还要少。世界最高峰珠穆朗玛峰的高度接近 9 千米。如果月球距离地球只有 10 千米的话，那么爬上珠穆朗玛峰就差不多可以够得到我们的卫星了。这个答案很荒谬。我们这组似乎已经胜券在握。

但是，对照正确答案的结果却让人感到困惑不已。月球和地球之间的距离实际上是 384 000 千米。因此，只需做个简单的减法就可以知道，我们的答案和正确答案差了 416 000 千米，而另一组的答案则只差了 383 990 千米（图 1.3）。

我眨了眨眼睛，在脑中又算了一次。没错。我甚至还在一张餐巾纸上演算了一下，好让自己相信这个结果。

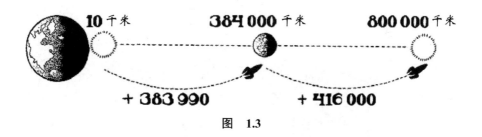

图　1.3

毫无疑问：他们的答案比我们的答案更接近现实。他们赢了。在几分钟里，我忍不住在脑中算了又算，但无话可说。数学已经一锤定音。

但是，你不觉得这种情况有些不公平吗？说我是个糟糕的玩家也就罢了，尽管减法已经给出了最后的判定，但是你不觉得我们的答案更合理、更审慎，而且以某种方式来说，没有另一队错得那么离谱吗？

但在这个情况中，为什么数学似乎告诉我们的是相反的答案呢？为什么计算会斩钉截铁地偏向那个显然更离谱的答案呢？

或者，我们换种方式提问，更谦逊一点：我们是否真的了解自己正在使用的数学呢？数学不会犯错，但人类有时会以不恰当的方式去使用它。

如果我们花点儿心思再深入探究一下，可能就会想到很多类似的情况。猫的平均身高是 25 厘米，拉布拉多犬的平均身高是 60 厘米。一些细菌的高度是千分之一毫米。因此，我们可能会说，就高度而言，与拉布拉多犬相比，猫更接近细菌。猫和细菌的高度差了大约25厘米，但猫和狗的高度差了大约35厘米（图1.4）。

70厘米
60厘米
50厘米
40厘米
30厘米
20厘米
10厘米
0厘米

细菌   猫   狗

图   1.4

但同样地，这个结果与我们对现实的固有感知背道而驰。猫和狗同属一个世界。它们可以一起玩耍，至少能互动。它们相互看得到，相互感觉得到，相互知道彼此的存在。相反，如果猫没有学过科学知识，它就根本不会知道细菌的存在。细菌不是它们的世界的一分子，这些细菌如此之小，以至于对于猫来说既是不可见的，也是不可想象的。

通过类似的推理，我们可以给出大量的例子，所有这些例子都有违直觉，但在数学上却是确切无误的。太阳表面的温度比起15 000℃要更接近5℃。比起纽约人口，巴黎人口要更接近一个仅有12个居民的村庄。如果给火星称重，你会发现比起地球的质量，火星的质量要更接近一个乒乓球的质量。

就像本福特定律，如果这些情况与我们的理解相冲突，那是因为我们想歪了。因为我们在并不适用的情境中使用了自己并不那么了解的数学工具。

那么，如何才能把这些直觉性的思考纳入数学的范畴呢？答案就在数量级这个微妙的概念之中。

基本的思路很简单，但功能非常强大。按数量级去思考，就是采取乘法思维，而不是加法思维。

如果想要比较数字 2 和 10，你可以使用两种不同的方法。加法：2 加几才能得到 10？答案会是 8。乘法：2 乘以几才能得到 10？答案会是 5。与 2 相加得到 10 的数可以通过减法得到：$10-2=8$。与 2 相乘得到 10 的数可以通过除法得到：$10 \div 2=5$。

说两个量是同一数量级，就是说它们从乘法的角度来看是接近的。

尽管这种思路乍看起来有些牵强，但任何开始以乘法思维去思考的人都会很快意识到，这种方法在很多常见的情况中都更符合我们的直觉。

让我们回到之前的那个科学问答题上。如果当时想清楚了的话，我会这样去质疑另一组的得分。月球距离地球 384 000 千米，我们这组的答案是 800 000 千米，大了大约 1 倍（图 1.5）。如果做除法，你会发现我们的答案比正确答案大了 1.08 倍。我们对手回答的是 10 千米，也就是说，只有正确答案的 1/38 400（图 1.6）！从这个角度来看，应该是我们这组胜出，而且远远领先。这个结果更加符合我们对这个问题的本能感知。

之前的所有例子都一样。做乘法，比起细菌来，猫的大小与狗的大

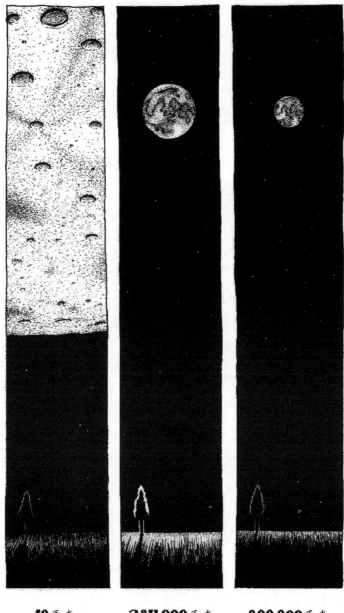

10千米　　　384 000千米　　　800 000千米

图　1.5

小更加接近，火星的质量比起乒乓球来与地球的质量更加接近，巴黎的人口比起村庄来与纽约的人口更加接近，依此类推。

在我们比较两个数时，无论比较的背景为何，大多数时候，我们会本能地以乘法思维去思考。如果在你常去的超市里，一件价格为 200 欧元的产品涨了 8 欧元，这或许会让你感到有些不快，但如果是 2 欧元的产品涨了 8 欧元，你就会感到大为不快了。因为在后一种情况中，价格变成了 10 欧元，相当于原来的 5 倍！这就不止是让人感到不快了，而是让人觉得上当受骗。但是，二者的增量却是一样的。

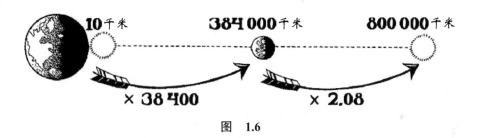

图　1.6

这种比较方式不只是智力上的。它并非思维所独有的，它还占据了我们的身体，并与我们和这个世界可能形成的大多数互动相一致。我们用来感知身边环境的感官似乎也受到乘法思维的支配。

如果我蒙上你的眼睛，然后在你的一只手里放一个重 10 克的物体，在你的另一只手里放一个重 20 克的物体，你马上就能说出哪个物体更重。但如果是两个分别重 10 千克和 10 千克零 10 克的物体，你就会很难说出哪个更重。然而，这两组物体的重量之差却是一样的：10 克。或更确切地说，需要加上的差值是一样的。但从乘法的角度来看，重量的变化一目了然：第一种情况从 10 克到 20 克，相当于从单倍变成了双倍；但在第二种情况下，两个物体的重量只差了 0.1%。

我们的视觉也一样。你是否曾试过在大白天开灯？如果太阳光已经洒满房间，那么开灯几乎不会造成任何的改变。无论有没有开灯，房间内的亮度看起来都分毫未差。相反，如果你在晚上打开同一盏灯，这一次，灯光会穿透黑暗，而且看起来洒满了整个房间。这灯光让我们清楚地看到了片刻之前在昏暗之中无法看到的东西。

但是，天花板上的灯在白天发出的光并不比晚上少。无论是白天还是夜晚，这盏灯都发出同样多的光。也就是说，从加法的角度来说，两种情况下的亮度之差是一样的。但这不是我们双眼所感知到的"加法的差距"。我们看到的是相对之差，也就是"乘法的差距"。在白天，灯光的亮度与太阳光的亮度相比微乎其微。在夜晚，掌控一切的是占据优势的灯光。

回过头来想想你所有的感觉：触觉、视觉、味觉、听觉、嗅觉。甚至还可以想想你对逝去的时间、通过的距离的感知，并以更为主观的方式想想你情绪的强烈程度。一旦开始以乘法而非加法的思维去思考这些事物，你就会更好地适应所有这些朝你扑面而来的感知了。

我们与生俱来的数感

为了测试你的数字直觉，我提议做个小实验。看看图 1.7 中这条线，上面标有两个数：一千和十亿。

现在，试着以最为直觉的方式回答以下问题：在这根刻度线上，你会把一百万放在什么位置上？不要害怕犯错，没有错误的答案，重要的是了解你的直觉对大数的感知。

好了，你已经把手指放在你认为可以代表一百万的位置上了吗？那么，现在就让我们来看看可以对此做出怎样的解释吧。

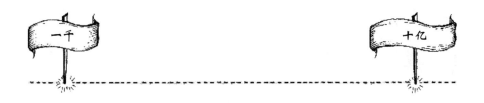

图　1.7

在看完问题之后，你的思维很可能经历了几种状态。在看到问题的那一刻，你的脑中可能会出现一种直觉——一种未经分析的原始想法。接着，你的想法一点一点地完善。你回想起自己对千、百万和十亿的了解，于是，你的光标或许移动了一点儿。又或许移动了很多？向左移还是向右移？你或许还考虑到了我们之前说过的那些话。你或许会觉得这个问题问得不够精确，里面肯定藏着什么陷阱。你是从加法的角度还是乘法的角度去思考的呢？在这种情况下，这种思考方式是否改变了什么？

每个人对这个问题都会有自己的思路，但最常见的反应之一就是，在视觉上把一百万放在大致介于一千和十亿之间的中位上，或是中间略微偏左的位置上，因为你可能会很快意识到，一百万更接近一千而不是十亿。之后，随着思考的继续，你的光标就会越来越向左移动，直到一个足够接近一千的位置。

那么，真实的情况是怎样的呢？答案可能令人惊讶，但一百万跟一千紧紧贴在了一起（图 1.8）。在这根线的比例下，两个数几乎难以用肉眼加以区分，如果在左边再加上零，那么零和这两个数就几乎是浑然一体的。

图　1.8

当然了，理论上，一百万是一个大数，但必须承认，十亿又比一百万大了一千倍！在这个规模上，就连一百万也看起来很小。如果你处在零的位置上，十亿处在距离你一千米的位置上，那么一百万就会处在距离你只有 1 米的位置上，而一千就会处在距离你只有 1 毫米的位置上。因此，从远处看，零、一千和一百万就会像是聚集在一起一样。

但是，就像月球和地球之间的距离，对传统数学的这一判断也与直觉相悖。注意，如果把这些数写成阿拉伯数字，那么一百万似乎就很有可能落在一千和十亿之间的中位上：

一千：1000

一百万：1 000 000

十亿：1 000 000 000

一百万比一千多三个零，比十亿少三个零。从视觉上来说，如果关注的不是数的值，而是数的书写长度，那么我们就会很容易把一百万放在中间的位置上。记数系统的本性使得我们倾向于用乘法的模式去思考。如果这些数是用罗马数字书写的，或者我们只是把一些小棒次序排列成行，视觉印象就会完全不同。在我们的单位体系（几十、几百等）中，加一个零会导致写出的数乘以十，从而造成加法和乘法的混乱。

因此，如果我们在一根依照乘法模式运作的轴线上标记数，那么一百万就会位于正中间（图 1.9）。左边和右边一样，乘法的差距都为一千。

奇怪的是，这种大数的现象在更为常见的数量上并不明显。如果我让你把 50 放在一根从 1 到 100 的轴线上，你会毫不犹豫地把它放在正中间。

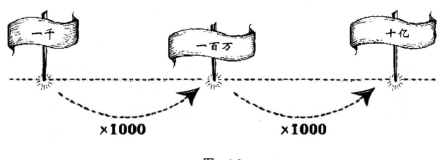

图　1.9

必须承认，法语中的这些数词本身就露出了加法和乘法相冲突的马脚。前几个整十数，每个都有一个对应的词：二十（vingt）、三十（trente）、四十（quarante）……每个词之间的差都是加法的差距，每向后推进一个数就加 10（图 1.10）。

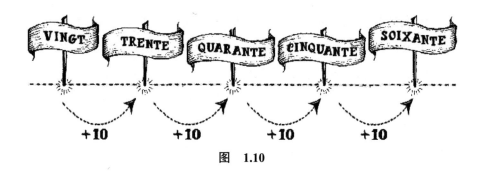

图   1.10

直到 100，法语都是在做加法。

相反，一旦超过 100，我们就会转入乘法的世界。法语中没有专门的词语来指称 200 或 300，只会表达为"两个一百"或"三个一百"。有点像是把 20 和 30 说成"两个十"和"三个十"，而不是"二十"和"三十"。于是，再往后的数词就以乘法的节奏出现：千（mille）、百万（million）、十亿（milliard）、万亿（billion）、千兆（billiard）……后一个词都比前一个词大一千倍（图 1.11）。

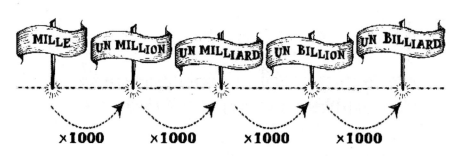

图 1.11   一千、一百万、十亿、一万亿、一千兆，每个数比前一个数大一千倍

如果我们把这些数放在一根经典的加法轴线上，则所有的数都会聚集在零的位置上，而且与最后一个数相较会显得小之又小。十亿与万亿相比微不足道，而万亿与千兆相比又小得可笑，依此类推。

在学校里学习数的时候，几乎没人注意到法语计数词汇中的这种转变。但是，这种转变却深刻地影响了我们的思维方式。我们对数量的认识既不是天生的，也不是客观的。这种认识与我们学习数学的方式密切相关。

那么，是否有可能暂时忘却我们在知识和文化上的差异，回到我们对数的最初的认识上呢？如果没有从小面对已有的数字结构，我们又会怎样去思考呢？

为了找到答案，我们可以向那些没有接触过这些知识的人提出问题，这会是一件很有趣的事情。我们可以问问那些年纪尚小，还未深入学习过数的孩子。我们还可以问问那些与世隔绝的原住民，因为他们与数的关系和我们与数的关系迥然不同，他们不会具有我们的条件反射和先验知识。

在 21 世纪初期，多个研究团队展开了不同的实验以便找到这个问题的答案。这些测试和刚才我让你做的那个关于百万的测试非常相似，美国的低龄儿童和居住在巴西北部亚马孙雨林中的蒙杜鲁库人接受了这些测试。在蒙杜鲁库人的语言中，没有词语用来指称大于"五"的数，这就使他们对数量的认知和我们对数量的认知完全不同。

研究人员把一根轴线放在受试个体的面前，轴线的两端对应两个数。研究人员让受试者每次把一个不同于这两个数的其他数放在这根轴线上。当然了，这些数必须用一种从未学习过数学之人可以理解的形式来表示。测试采用了几种不同的方法，比如视觉方法，使用包含多个点的图像；或是听觉方法，使用一系列哔声。在受试者了解游戏规则之后，测试就可以开始了。

测试的结果是一致的，没有争议：儿童和蒙杜鲁库人对数的认识是直觉式的，乘法思维胜过了加法思维。例如，蒙杜鲁库人是这样把 1 到 10 的数放在轴线上的（图 1.12）。

图　1.12

当然了，这种做法并非无懈可击，因为测试的直觉性太强，而且很难在直观上很好地估计点的数量。我们可以看到，平均而言，在测试中，5 被放在了稍稍后于 6 的位置上！但这个错误并不重要。重要的是，我们看到小数是如何在轴线前端"阔绰"地排开的，而大数却集中在轴线的末端，就好像 1 和 2 这种小数要比 8 和 9 这种大数更加重要。小数宽松落座，而大数则不得不摩肩接踵。

另外，你不觉得这种数的分布和本福特定律颇为相似吗？这只是一种巧合，还是有些事情需要我们去弄个清楚？目前，两者之间的联系尚不明确，但让我们先记下这一点，之后我们还会回到这个问题上来。

所有已经做过的这一测试的变形版都证实了这种趋势，其中包括数大到 100 的针对儿童的版本。例如，在一根 1 到 100 的轴线上，儿童常常会把 10 放在大致居中的位置上（图 1.13）。如果我们以乘法思维想到 10 的确位于 1 和 100 的中间，那么这一结果就会让人感到惊讶。

要是我们再进一步呢？

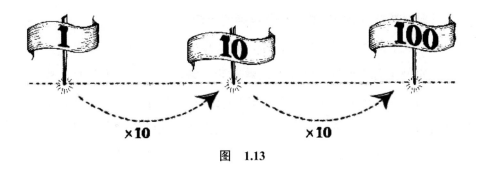

图　1.13

在 20 世纪，多项实验表明，在人类范畴之外对这种数的认知追根溯源是有可能的。我们可以在智人以外的其他物种的大脑中追踪到这种认知。

如果只是为了估算需要积攒多少食物，或是为了生存需要避开多少捕食者的话，那么很多动物都拥有对数量的天然意识。与人类对数的意识相比，动物的这种意识是粗略而有限的，但令人惊讶的程度毫不逊色。

针对动物的实验方案以及对所得结果的阐释要微妙得多，而且对结果的研究必须十分谨慎。我们无法和马、鸟雀或黑猩猩进行明确的交流，无法向它们详细地解释实验规则，也无法让它们理解自己所做之事有什么目的。但是，一些事实却令人惊讶，而且，某些动物似乎也是以乘法思维看待数的。

比如在一个对小鼠进行的实验中，几只样本小鼠被放在几只装有两根压杆的笼子里。随后，研究人员让小鼠定期听到一系列哔声。有时是两声，有时是八声。在哔声只响两次时，小鼠按压第一根压杆会获得食物奖励。在哔声响八次时，小鼠按压第二根压杆会获得食物奖励。经过一段时间的学习，这些啮齿动物最终理解了这一原理，并学会了根据哔声的鸣响次数去按压正确的压杆。

　　一旦小鼠理解了压杆的运作机制，真正意义上的实验就可以开始了。如果我们让小鼠听到鸣响次数并非二或八的哔声会发生什么呢？在听到三次哔声时，小鼠经过短暂的犹豫就转向了第一根压杆，就像听到两次哔声时那样。在听到五次、六次或七次哔声时，小鼠会像听到八次哔声那样转向第二根压杆。但是，在听到四次哔声时，小鼠就完全不知所措了！一半的受试小鼠犹豫着转向第一根压杆，而另一半小鼠则转向第二根压杆。就好像对于它们来说，4介于2和8之间，这使得它们的选择变成了完全随机的。

　　你可能已经猜到了即将得出的结论：4位于2和8的中间是出于乘法思维。如果小鼠进行了加法的推理，那么5就应该成为它们犹豫的临界点。但是，让它们产生困扰的却是4（图1.14）。

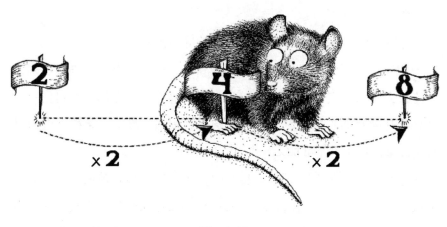

图　1.14

　　研究人员用2和8以外的数针对小鼠以外的动物进行了相同的实验。当然了，我们很难知道这些小动物的脑袋瓜里到底发生了什么，而实验结果有时会出现很大的误差。但可以确定的是，每一次它们的犹豫都更多地发生在乘法而非加法的思维语境中。

回溯人类大脑如何对数形成概念，我们不可避免地得出了同样的结果：人类对数量最初的意识——就其本质而言——似乎就是乘法的。

然而显而易见的是，无论是人类还是动物，其大脑都无法在没有学习过的情况下进行精确计算，来回答这些问题。乘法思维既不是有意识的，也不是精确的。这些结果是自发性和直觉性的，有点儿像你把一百万放在一千和十亿的正中间时那种第一直觉。它们没有证明一种数学知识，而只是揭示了一种显然是天生的大脑机制，我们在生命之初就具备了这种机制，它给了我们一种近似乘法的最初的数字直觉。

针对美国成年人进行的类似测试清楚地表明，随着在学校里习得的数学知识变多，乘法直觉逐渐变得模糊。对于从 1 到 10 的这些数，成年人会完全遵照加法的梯度排列。但是，乘法本能并没有完全消失，它会在我们面对不那么熟悉的大数时，渐渐重新浮现出来。

因此，加法计数并非那么自发，它终究不过是童年时期养成的一种习惯。在 1938 年的那篇文章中，弗兰克·本福特写道："我们如此习惯于将事物计为 1、2、3、4……然后说它们是以自然顺序排列的，因此，1、2、4、8……可能是一种更为自然的排列，这一观点不那么容易被人接受。"

你自己，也就是正在阅读这段话的人，或许依旧很难承认这一点。经过多年对这种思维模式的锤炼，我们很难摆脱加法量级。如果真是这样，你不必试图去摆脱这种思维模式，再继续读几页，不要担心，放开胆，让自己的思维信马由缰。你会发现——或重新发现——一种全新的思维方式是多么令人兴奋。

但有时会出现一个问题。如果我们最初的直觉是乘法式的，而且这种乘法直觉更适合于思考周围的世界，那么为什么我们要竭尽所能把它从自己的思维中去除掉呢？为什么硬是要让一种和现实没那么相宜的加法思维进入我们头脑中呢？学校里的数学是否让我们脱离了一种适切的常识，并用一种人为的且不适合的思维取而代之了呢？

我们是否应该对加法思维弃而不用？

回答是否定的。加法思维，就其本身而言，不可弃之不用。坦率地说，它在很多情况下都非常有用。下一次在超市结账的时候，你肯定会为小票上的金额没有采用乘法来计算而感到高兴。另外，尽管还是说了那么多，但也许没有必要去说服你，加法和减法在我们的日常生活中依然随处可见。可能没有你想象的那么常见，但也足够寻常。

此外，乘法本身也需要加法。因为就算我们的直觉大致上是乘法式的，但这并不意味着乘法的数学就更容易理解。没有接受过数学教育，就不可能发展出这种最初的思维以使其发挥最大的潜能。为此，好好领悟加法的概念乃是根本所在，这样才能深入理解乘法的概念。

那么最后，什么才是比较两个数字的最佳方法呢？

这个问题没有绝对和确定的答案，要视具体情况而定。有的时候，我们很难做出选择。存在一些模棱两可和介乎两者之间的情况，没有最好的选择一说。加法和乘法只是提供了两种不同但互补的数字视角。

这种看法可能会被认为是一种失败。说到底，难道数学不应该提供精准而确定的答案吗？一种确切的科学怎么能用"视具体情况而定"来回答问题呢？在这种表面的悖论之下，隐藏着数学创造性的所有模棱两可之处。在这些模棱两可之处中有着数不清的"视情况而定"。正是它们让数学成了一块自由与创造的神奇之地。数学是多样的，是多彩的，是相对的，幸甚，幸甚。

接受这种相对性并学会利用它，是发现和创新令人狂喜的不竭源泉。数学为我们提供了用来解决同一问题的上千种不同工具。这些工具就像钢琴的琴键。了解它们就是认识唱名，知道如何弹奏它们就是一门艺术。问比较两个数字是用加法好还是用乘法好，就像是在问作曲用 G 大调好还是用 a 小调好。做出你自己的选择。这些选择可能并不总是最好的，但这无关紧要。

你可以喜欢弹钢琴而不必成为莫扎特。你可以爱上数学而不必成为爱因斯坦。不要害怕。你弹得越多，就越会有自己的品味；数字的音乐也会让你的精神得到愉悦。

没有零也没有小数点的书稿

现在，我们的调查进行到了必须对嫌疑对象的过去探究一番的阶段。想要了解是什么造成了加法和乘法互补性的竞争，我们就得回溯数学的源头。运算是从哪里来的？运算有着什么样的历史？它们又是如何变成今天这副模样的？

把眼睛闭上片刻，深吸一口气，然后让我们展翅高飞。我们将前往今中东的伊拉克地区。在那里，我们将潜入一段混乱而深邃的过去，这段过往完好地保留了一些关于数字和运算不可言说的秘密。

好了，我们回到了四千年前。

在巴比伦肥沃的原野上，最早的人类文明之一正欣欣向荣。自几个世纪以来，用红色和赭石色黏土建造的美丽富饶的城市在底格里斯河和幼发拉底河的两岸蓬勃发展。其中规模最大的城市里已经挤满了成千上万的居民。那里的人们主要说阿卡德语，但还有其他几种语言混杂其中。文字是此前一千多年发明的，而知识已经代代相传并积累起来。那里形成了复杂的行政部门，贸易高速发展。

就是在这些古代城市中，出现了最早的书吏学校，其目的是教授最先进的知识。在此之前，大多数知识是通过从事某种职业以边做边学的方式传播的。父母传给孩子，商人传给学徒，或只是在同一领域的工匠之间互传。诚然，在之前的几个世纪中已经出现了一些学校，但其数量依然很少，而且缺乏组织性。公元前三千年末，教育体系得以构建，"埃杜巴"（edubba，即"泥板书屋"）开始在该地区的大城市中蓬勃发展。

我们要去的地方就是其中的一间泥板书屋。

我们现在到了幼发拉底河的河畔，眼前是尼普尔的城门。这座城市占地超过一平方千米。城市的中心耸立着"埃库尔"，即"山屋"，高耸的山屋俯视着这座城市，并吸引着过往的旅客。绕着山屋往西走，我们沿着伊南娜（Inanna，爱与战争的女神）神庙前行。运河沿着城墙流淌，在码头上忙碌的商人和船夫的喧哗声回荡在街头巷尾。

我们沿着河岸走了两百米，然后向左拐。这里就是书吏们所在的街区了。在这个稍稍偏离市中心的小山丘上，十来间低矮的民房聚成一片，朝向十来个露天庭院。在四十个世纪之后，人们将会在这里发现数千块黏土板，上面布满了学童们密密麻麻的纤细笔迹，考古学家把这里称作"泥板山丘"。

尼普尔的泥板书屋在整个美索不达米亚尽人皆知。这里是最活跃、最具影响力的学校聚集地。在每个小庭院里，都有几个学生在自己的泥板上一笔一画地写着精确的楔形文字符号。对于他们来说，老师们发明了历史上最早的学校课程，而在美索不达米亚所有的学校里，人们都遵循尼普尔式的教学方法。学生们逐渐学会了一名合格书吏应该知晓的一切。他们学习苏美尔语，也就是学者的语言，然后进行抄写、书写练习或写作。他们还要学习当时最先进的科学。当然了，还有数学。

书吏所学习的数学并不是街头的那种数学。就像苏美尔语是学者的语言并不再被普遍使用那样，学者们拥有属于自己的记数系统。这种记数系统不同于商人或牧羊人在日常交易中所使用的记数系统。正是借助这种系统，美索不达米亚人成为最早在并非刻意为之的情况下体会到乘法思维乐趣的人。

让我们走进一间泥板书屋去看一看。学生们在院子里。大约有十来个人正顶着烈日坐在地上做演算。他们右手紧握着芦苇笔（一种将芦苇削尖制成的书写工具）在柔软未干的泥板上写画。有时候，一个学生会站起身走到井边，从井里汲一点儿水把泥板的表面重新沾湿或抹平写错的地方。

尽管他们的写法和我们的写法不同，但他们的记数系统却出奇地现代，而且和我们今天所使用的记数系统很相近。这是一种按位置划分的系统。在这种系统中，一个数字的值取决于它在数字书写中所处的位置。

例如，你在写 123 的时候，你知道有 3 个个位、2 个十位和 1 个百位。每个数位所表示的值是其右侧数位的 10 倍。美索不达米亚人的记数方法依照同样的原理，但有一个细节：每个数位所表示的值是其右侧数位的 60 倍。我们称之为以六十为基数的记数法，或六十进制。

　　看一眼其中一个学生的泥板，你会发现他刚刚书写了 123。或更确切地说，他用楔形文字写下了ｌ Ⅱ Ⅲ。因此，这个数字是由 3 个个位、2 个六十位和 1 个六十的六十位（即三千六百）组成的。因此，楔形文字ｌ Ⅱ Ⅲ表示的数就是我们十进制系统中的数 3723（1 × 3600 + 2 × 60 + 3 × 1，图 1.15）。

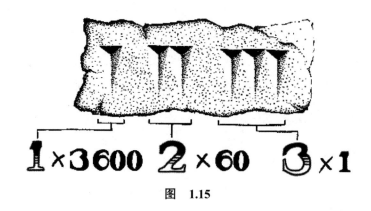

图　1.15

　　以六十为基数的记数系统被使用了将近两千年，直到美索不达米亚文明的衰落。尽管这种记数系统具有出色的效率和惊人的现代性，但它有两个不足之处：尼普尔的学者们没有想到发明零和小数点。

　　你或许对楔形文字和六十进制的概念还不是很熟悉，那么，要想很好地理解这两个不足之处产生的后果，就请想象一下如果把它们转换成我们的十进制系统会发生什么。如果没有零和小数点，我们该怎么做？就以下面这几个数为例。

　　　12　　　120　　　1200　　　12 000　　　1.2　　　0.0012

现在把这些数中的零和小数点去掉。

12　　12　　12　　12　　12　　12

我们会陷入一片混乱！

我们根本无法分清这些数哪个是哪个。数 12、120 和 1.2 的书写方式全都一样。如数 540、5400 和 0.54，或是数 9900、990 和 9.9。美索不达米亚的书吏们没有想到零和小数点，或是任何其他可以承担相同功能的符号，所以不得不面对以下这个严重的问题：在他们的系统中，不同的数可以共享相同的书写方式！

但我们很容易就会原谅他们的这个笨拙之处，因为他们用这些数创造过科学奇迹：异常高效的管理，极为精确的建筑数据和地形测量，准确性令人惊叹的天文观测和天体现象描述，随着美索不达米亚文明一同消失，直到千年之后才被重新发现的抽象数学知识。可以说，零和小数点的缺席并没有真正阻挡他们前进的步伐。

但这个问题很严肃。他们是怎么做到的？在不知道所指的是哪个数的情况下，如何用这些数进行计算呢？

美索不达米亚的书吏用一种超乎寻常的技巧摆脱了困境。因为这个问题不仅没有妨碍他们，还成了他们的一个过人之处！通过一种简单而绝妙的想法，这种记数方式的含混不清之处反而让书吏得以利用乘法的特性。

现在由你来做出判断。想象你就是一个书吏学生。你拿起一块新鲜的泥板和一支芦苇笔，然后和其他学生坐到一起。就像课堂上的练习，老师让你做以下乘法：12×8。你用楔形文字把算式写在泥板

上 ①，然后开始思考。要怎么做？要进行计算，没问题，你手里有列出了乘法表的泥板，而且你已经完美地掌握了老师教给你的方法。但在开始计算之前，你必须知道要进行什么计算！因为记数系统很含混，你不太清楚 12 和 8 的值是多少。也许 12 实际上是 120，或者是 1200，甚至是 0.12。而 8 呢，则很可能是 8、80 或 0.8……通过添加小数点或虚构的零，就会有无数种可以用来阐释这个乘法算式的方法。而你呢，你的任务是得出结果！

在此前提下，这似乎是一项无法完成的任务。但是，一个数学奇迹出现了。在我们测试这一运算可能的几种阐释时，请仔细观察我们得到的结果。

$12 \times 8 = 96$

$120 \times 8 = 960$

$1200 \times 8 = 9600$

$1.2 \times 80 = 96$

$0.12 \times 0.8 = 0.096$

这些乘法算式的结果有 96、960、9600 和 0.096。在没有零和小数点的情况下，所有这些答案都会写成 96——不可能写错，因为答案就是"96"，无论这个 96 表示的是什么。

这是数学既令人困惑又令人震撼的长处之一：有时候，它可以说出正确的事情而人们不必知道说的是什么。书吏们就这样在既没有零也

---

① 为了清楚起见，我们将在之后继续用十进制对这些示例进行说明，但之后的所有示例都与书吏使用楔形文字六十进制进行计算的方式相同。

没有小数点的情况下做了乘法，并得到了既没有零也没有小数点的结果。他们并不知道自己所写的是哪个数，但是，他们的结果总是正确的！

利用数学的这一特性，美索不达米亚人发现了在很多个世纪之后科学家所称的不变量。正如我们所能想见的，不变量是一种不会变化、保持恒定的东西，无论其出现的情形如何变化。

在此处，无论对 12×8 这个乘法算式可能做出怎样的阐释，既没有零也没有小数点的结果是不会变的：96。不变量在很多科学领域中都会出现。在进行数学探索的过程中，我们还会碰到很多其他的不变量。

"切中要点"总会带来一种挖掘出某些深刻而珍贵之物的兴奋感、一种揭开了神秘面纱的兴奋感。不变量揭示了将不同先验事物聚集在一起的东西。这是一种共同点，就像隐藏在后台的齿轮，一旦让它露出真容，你就会因为了解了事物的运转原理而获得这种既欢欣又从容的满足感。

书吏们对这种不变的记数系统处理得如此之好，以至于他们在近两千年的时间里都没有零和小数点。但是到了公元前 3 世纪，他们中的一些人最终发明了一种零符号，并将其记为 ⪡ 。然而，这种迟晚的发明只有很短的时间去发展。已经显露出颓势的美索不达米亚文明和楔形文字，连同其六十进制，都濒临消失。

现在，我们该离开幼发拉底河河畔，再次在时空中展翅高飞了。几个世纪后，尼普尔将不复存在。对于未来的考古学家而言，沙漠风中的几处废墟和埋藏在地下的泥板是仅存的硕果。

但这并不重要。

这段故事里真正的主角不是人类，也不是人类的这些文明。好的想法是不会消亡的。这些想法不过是蛰伏了几个世纪，做好准备，等待着属于自己的机会，等那一刻到来的时候，它们会在满腹好奇并受到启发的智人的大脑中重出江湖。零，在公元300年前后重返古印度，我们继承的十进制系统就是在那个时候发明的。

至于令人惊讶的乘法不变量，则将在许多世纪之后成为一名苏格兰科学怪杰的灵感之源，他将极大地促进现代科学的发展。他还将为弗兰克·本福特提供理解本福特定律的数学工具。

对数之桥

位于苏格兰爱丁堡中心地段的墨奇斯顿住宅区通常比较安静。这里宁静的街道旁矗立着一眼望不到头的大型住宅和整齐排列的小花园，在距离首都中心仅几分钟路程的地方笼罩着一派宁静而单调的氛围。幼发拉底河热闹喧腾的河岸和苏格兰气氛之间的文化差异直闯眼帘。

回首过去，我总会生出某种感怀，我瞥见了科学历史和数学历史的恢宏接力，而每一个民族，无论在它与其他民族之间可能横亘着什么，都为这接力做了一份贡献。是的，故事就在这里继续。就是在这里，美索不达米亚的书吏找到了他们的继承者。

我们的下一个约定地点就在几条街之外。

向南朝莫宁赛德前行，我们来到龙比亚大学（Napier University），每年都有25 000多名学生在这里学习计算机、戏剧或犯罪学。当你在校园里四处走动的时候，用 20 世纪的混凝土建造的、只点缀着几块现代感十足的玻璃幕墙的校园建筑会让你感到有些沮丧。但是，如果你大起胆子走到建筑物的里面，你就会发现这所大学的瑰宝。在竖有围栏的建筑物中央，耸立着好像深嵌其中、几乎被新近建筑物吞噬的墨奇斯顿塔楼。

这是一幢方形建筑，古老的石块上布满岁月的痕迹，几扇窄而深的窗户不规则地镶嵌在上面。锯齿形的屋顶犹如一顶王冠，让塔楼在不知曾多少次濒临坍塌的墙壁的掩映下，露出一副自豪而高贵的身姿。以前，这座塔楼曾是一座小城堡的一部分。

1550 年，约翰·纳皮尔（John Napier）①就出生在墨奇斯顿城堡（图 1.16），他的名字被冠在一所大学和一种彻底改变了科学的数学运算之上。

约翰·纳皮尔是一个奇异的人物。就像那个时代的许多学者一样，他涉猎各类学科，从神学到天文学，还有数学。关于他，坊间流传着一件逸事，尽管跟数学没有什么关系，却可以让我们从中窥见几分他的性格。

纳皮尔有个叫罗斯林（Roslin）的邻居，邻居养的鸽子每天飞到纳皮尔的院子里吃谷粒。纳皮尔很生气，警告邻居说，如果管不住这些鸟，他就要直接把它们没收了。那个叫罗斯林的人对他嗤之以鼻，说他尽管可以去追捕那些鸽子。第二天早上，邻居惊讶地看到这位数学家手里拿着个大袋子，正轻而易举地捉着他所有的鸽子，而那些鸽子甚至都没有挣扎着逃走。头天晚上，纳皮尔在自家院子里撒满了浸泡过白兰地的谷粒。到了早晨，吃了谷粒的鸽子全都酩酊大醉，无法飞

---

① 龙比亚又译纳皮尔，但作为人名，"纳皮尔"的译法更为常见，故文中采用这一译名。

——译者注

图 1.16　约翰·纳皮尔，墨奇斯顿城堡

翔，一只只束手就擒。

　　这个故事很可能只是传闻，但它告诉我们一件事：纳皮尔擅长用意想不到的办法去解决问题。有时候，你只需要改变视角就能找到解决办法。如果找到了正确的视角，最棘手的情况也会变得易如反掌。如果你不如鸽子灵巧，那就让鸽子变得不如你灵巧。解决重大问题并不总是得更聪明、更强大或更迅速。最重要的是找到窍门。

　　纳皮尔后来把这种出其不意的思维方式用在了数学上：他发明了一种革命性的绝妙运算。这种运算将令几代科学人的生活更加便利，直至 20 世纪末。这种运算能够将乘法变成加法。

　　为此，他想到把一根乘法轴和一根加法轴平行放置。在乘法轴上，每个分度对应前一个分度乘以 2；在加法轴上，每个分度对应前一个分度加 1（图 1.17）。

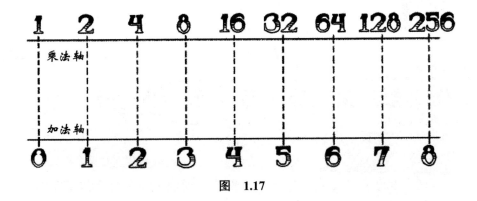

图　　1.17

　　通过这种平行对照，这位苏格兰数学家在加法世界和乘法世界之间架起了一座桥梁。借助这一简单的图表，从加法穿梭到乘法的旅行在一瞬间成为可能，两者之间的界限突然消失了。顶部的 8 对应底部的 3，底部的 5 对应顶部的 32，依此类推。而顶部的乘法则对应底部的加法。

为了让你能够清楚地理解这一原理，我们来举个例子。假设你想进行 8×16 的乘法运算，那么算法就是下面这个样子。

1. 把这个算法带入加法的世界：8×16 变成了 $3+4$；
2. 计算：$3+4=7$；
3. 把你的结果重新带回乘法的世界：7 变成了 128。

你得到的结果是：$8 \times 16 = 128$。从图上来看，推理过程遵循的是以下路径（图 1.18）。

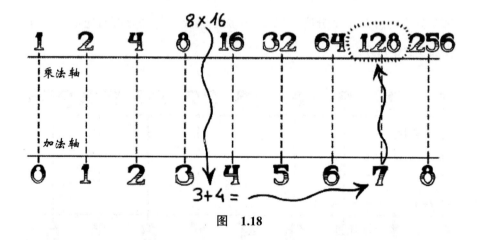

图   1.18

这看起来就像是魔术！这种简单的匹配似乎完美得不像是真的，但效果却很好。8 和 16 没有什么特别之处，你可以用其他数试一试，约翰·纳皮尔的方法适用于所有的乘法计算。

那么当然了，这个例子是最基本的示例，因为 8 和 16 是很简单的数。但假设你要对复杂得多的数进行乘法运算，比如 2.43 乘 78.35。再假设你的书桌上放着一本加法 / 乘法对照表，这本对照表远比我们在上文中画的那两根轴要完整得多。通过在表中查找数，你把乘法 2.43 × 78.35 变成了加法 1.281+6.292。你在几秒之内算出了和：7.573。然后，你把这个结果带回到乘法中，积约为：190.4。你刚刚在不到 30 秒里完成了乘法运算。如果没有这本目录，你很可能需要一分多钟才能得出乘法的结果。

纳皮尔花了二十多年才发展出这一理论并制定出加法 / 乘法表。他当然是在没有计算器的情况下进行的。所有的计算都是他手工完成的。他在 1614 年发表了一部名为《奇妙的对数表的描述》（*Mirifici logarithmorum canonis descriptio*）的作品，并借机发明了"对数"① 这个词，用来指称乘法世界和加法世界之间的那座桥梁。更确切地说，对数是从乘法轴到加法轴的通道：8 的对数是 3，16 的对数是 4，依此类推。

纳皮尔在书的前半部分介绍了这一理论，详细说明了对数的定义及其数学特性，而后半部分则完全由所占篇幅达近百页的数字表构成。这些数字表是对数表，也就是你计算所需的加法 / 乘法对照表。纳皮尔在第一个版本中罗列了 5400 个数。你在寻找某个对数吗？你只需翻看这些纸页就能在几秒内找到它。

老实说，我们必须承认，使用纳皮尔对数表获得的结果只是近似值，因为它给出的对数只精确到小数点后三或四位。如果你想获得误

---

① 这个词是由意为"关系"的希腊语词根"λόγος"（lógos）和意为"数字"的希腊语词根"ἀριθμός"（arithmos）构成的。

差范围更小的结果，这就会是个问题。但对于当时大部分天文学或建筑学中的计算来说，这个精确度已经绰绰有余。

但是，至于这个对数表能否良好运转，可能会有人提出异议，因为数存在无限性。不过，无论纳皮尔的对数表有多么可观，它都无法囊括数量无限的对数——对数表被限制在一定数量的纸页内，并在某处打住。因此，这种方法似乎不可能涵盖所有可能的和可以想见的乘法。

其实，这是有可能的。就在此时，美索不达米亚书吏们那引人入胜的不变量冲破时间的暗夜，回到了舞台上。想要完成所有的乘法运算，你并不需要所有数的对数。比如，你只需要知道 1 到 1000 的所有对数就足够了，然后抛却零和小数点进行计算。

假设你需要对 1.28 和 2500 做乘法。把零和小数点去掉，这两个数就可以进入你的对数表所覆盖的范围之内，变成 128 和 25。现在，你可以使用对数表来查找乘法的运算结果：32（依然没有零和小数点）。然后，你只需要判断结果的数量级，就可以把小数点和零放在正确的位置上了。$1.28 \times 2500 = 3200$。只要稍加练习，这种技术就能让你在片刻之间完成所有的乘法。

在计算机和电子计算器的时代，似乎很难想象对数在纳皮尔那个时代产生的影响。对我们而言，加法和乘法之间的这座桥梁可能很稀罕，它是一种看待事物的方式，非常有趣，甚至很有启发性，但没有太大的意义。然而，在问世之后的几年中，这些对数表以极快的速度在整个科学界传播开来，并成为各个领域学者的主要工具之一。这些对数表还被科学界以外需要进行流水线式计算的众多行业的从业者所使用，比如建筑师、会计师和行政人员。直到 20 世纪下半叶，大多数小学生仍须把这些对数表带在书包里。

继纳皮尔之后，又有几位数学家着手计算并发布了更为精确和更为完整的对数表。卡米耶·布瓦尔（Camille Bouvart）和阿尔弗雷德·拉蒂尼（Alfred Ratinet）在 19 世纪末制定的新对数表有过 70 多个版本，并在不到一个世纪内成为数学史上最畅销的读物之一。

想要知道为什么这些新对数表会如此受欢迎，我们就必须认识到当时的科学家需要处理的海量计算。我所说的并不是需要长时间思考、需要一定程度创新和研究的智力型计算。不是那样的，我说的是蠢笨而惹人厌烦的计算。这些计算毫无挑战可言，你从一开始就知道怎么去做，但仍然需要耗费海量的时间。所有的数学家都知道如何计算 $2.358\,47 \times 78.3564$。没有任何悬念，但算式很长。如果你研究的是天文学，那你可能需要把数十种乃至数百种同类型的乘法运算串联起来，才能获得想要的结果。

今天，负责进行这些计算的是计算机。在纳皮尔的时代，一切都必须手动完成！计算得用纸和笔，有时会借助算盘。你可以想见对数表的出现可以让这些人节省多少时间。对数表使耗费一整天的烦琐计算减少到只需两或三小时成为可能！ 18 世纪末，当时最伟大的数学家之一——皮埃尔 - 西蒙·拉普拉斯（Pierre-Simon Laplace）断言，对数让天文学家免于和冗长计算密不可分的错误和厌倦，从而在某种程度上使得他们的生命延长了一倍。

到了 20 世纪末，电子机器问世，对数最终失去了其首要的用途。而在今天，再也没有人会使用纳皮尔的对数表去进行冗长的计算了。

但是，对数犹如一只在数学领域浴火重生的凤凰，找到了其他的应用领域。在那以后，问题不再是技术，而是理解。如我们所见，这个环绕着我们的宇宙主要是以乘法的方式构建而成的，而科学仍然常常需要从乘法的世界转入加法的世界。每一次需要这么做时，科学就会重新启用这座由纳皮尔在四百多年前搭建的古老的对数之桥，而这座桥梁被使用的频率丝毫不逊从前。

因此，按照对数标度来对事物进行排列往往是有益之举。衡量地震强度的里氏震级就是一个很好的例子。在里氏震级中，标度每增加一度，代表现实中的振幅增加 10 倍。照此，7 级地震的振幅就比 6 级地震的振幅要大 10 倍。人类有史以来记录到的最强烈的地震是 1960 年 5 月 22 日发生在智利瓦尔迪维亚的地震。这一地震震级为 9.5 级，其振幅要比人类几乎感觉不到的 3.5 级普通地震大一百万倍（图 1.19）。

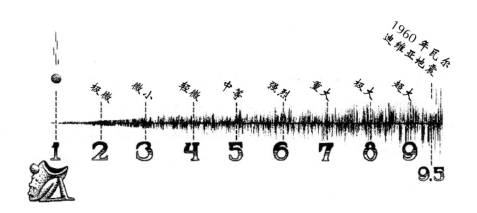

图　1.19

因此，使用对数标度可以让我们从整体上更好地了解所测地震的振幅差异。如果把这些地震振幅放到一根加法轴上，我们会发现，1 到 7 级的振幅全都缩到了一个点上，读数也变得费力很多（图 1.20）。

图　1.20

在众多以对数标度来测量的物理现象中，我们会看到各种不同的例子，比如以分贝为单位的声音强度、以 pH 为单位的溶液酸度，或是天空中恒星的星等。

另一种常见的情况就是音阶。音符的特征是其在空气中传播的振动频率。因此，你可以在钢琴琴键上演奏不同音高的 la，它们依次具有每秒振动 55、110、220、440、880、1760 和 3520 次的频率。你会发现，每两个音符之间相隔一个八度音程，音高较高的音符，其振动频率是音高较低者的两倍。当你观察吉他琴颈上的品位时，音符的这种乘法就会尤为明显。这些品位不是按照固定音差排列的，而是按照乘法递增排列的，离琴头越近，音差就越大（图 1.21）。

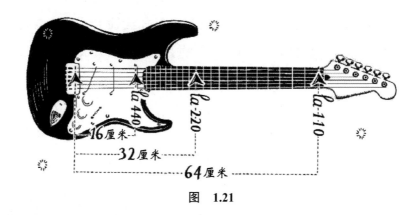

图　1.21

　　如果你在同一根弦上弹奏相差一个八度音程的两个不同音符，那么弹奏出最低音的品位与琴桥的距离，就是弹奏出最高音的品位与琴桥的距离的两倍。照此，在第五根弦上，"振动频率为110Hz的la"就会在距离琴桥64厘米的位置上，而"振动频率为220Hz的la"就会在距离琴桥32厘米的位置上，即64厘米的一半。而要在同一根弦上奏出"振动频率为440Hz的la"，就要把手指按在距离琴桥16厘米处的品位上，"振动频率为880Hz的la"则在距离琴桥8厘米的品位上。不管怎样，从理论上来讲，由于这些动作做起来很复杂，因此在实际操作中，我们会在同一根弦上弹奏这两个la。

　　尽管约翰·纳皮尔的思维方式极尽创意，但在发表研究成果时，他本人很可能从未料到自己那些奇妙的对数会对这个世界产生如此广泛的影响。

　　对于这些不同的例子，需要补充的一点是，随着对数的出现，我们就拥有了需要用来理解本福特定律的所有数学拼图块了。剩下的就是等待一个天才的头脑来把它们拼接起来。而我们调查的终章将在美国上演。

为什么世界是乘法的？

如果你有一台旧计算机，它因为多年的频繁使用而变得破旧，那么你可能会注意到键盘[①]上键帽的破旧程度并不完全相同。E 键和空格键通常老化得更厉害，不像 $ 键或 ù 键，经过多年的使用之后看起来依然很新。

这一点儿也不奇怪。有些键是常用的键，对应法语中常出现的字母。在一份没有特殊风格的普通文本中，字母 E 占去了所用字母中的 15.87%，约为仅占 0.24% 的字母 Y 的 66 倍。我们可以在售卖备用部件的网店买到单个的替换键帽。你会毫不意外地看到，销售量最高的替换键帽是 E 键，A 键和 N 键紧随其后。

这种使用不均的现象存在于不同的领域之中。弹吉他的人会看到，琴弦因自己弹奏曲目中和弦使用频率的高低而出现不同程度的磨损。通往较高楼层的电梯按钮通常会磨损得更厉害，因为一楼或二楼的住户会更常选择走楼梯。绝大多数四色圆珠笔在被丢弃的时候，绿色和红色的笔芯仍然是满的——蓝色和黑色最先用完。

出于同一效应，过去几个世纪的科学家发现，他们所用对数表的最前面几页，无一例外要比最后几页磨损得更快。换言之，以 1、2 或 3 开头的数被查找的频率要高于以 7、8 或 9 开头的数，而科学家们对小的数并没有任何有意识的偏好，这就好像是大自然亲自在给予科学家去研究的数中造就了这种不平衡。

这一观察结果本该引起科学家的注意，但很可惜，他们中的大多

---

① 此处为法语键盘。——译者注

数人并不认为这种现象值得研究。倘若不去寻找显而易见之事，人们就会很容易看不到它。在三个世纪里，本福特定律实际上就摆在世界各地科学家们的眼前，但没有一个人看到它。

直到 19 世纪末，一只羞怯的手才开始揭开这张神秘的面纱。

1881 年 12 月，加拿大裔美国天文学家和数学家西蒙·纽科姆（Simon Newcomb）发表了一篇题为《关于不同数字在自然数中使用频率的记录》（"Note on the Frequency of Use of the Differents Digits in Natural Numbers"）的文章。这篇发表在《美国数学杂志》（*American Journal Of Mathematics*）上的文章只有短短两页。纽科姆注意到他所用对数表页面磨损程度的不均，于是出于好奇提出了前几个数的分布问题，并用几行字做出了解答。

可惜的是，他的发现几乎无人问津。

必须承认，这种现象背后的数学原理非常简单，而且不太值得专家的关注。然而，重要的不是计算，而是这些计算告诉我们的有关这个世界的信息。1881 年，似乎没人意识到，西蒙·纽科姆的发现如同把聚光灯照在宇宙背后转动的一个巨大齿轮上。直到五十多年后，弗兰克·本福特才意识到这一发现的博大之处，并为它撰写了一篇二十来页的文章。

尽管篇幅很短，但纽科姆的文章很有启发性，值得我们为它停留片刻。文章的结论很简单：世间的数是均匀分布的，而且是从乘法角度来看的均匀分布！

因此，在一张源自任意一种自然现象的数据列表中，介于 1 和 2 之间的数会和介于 2 和 4 之间以及介于 4 和 8 之间的数一样多（图 1.22）。

这种现象仅仅是因为数与数的距离在乘法上是相等的，即从一个数到其 2 倍的数的区间。自然而然地，以 1 或 2 开头的数就会比以 7、8 或 9 开头的数要多。

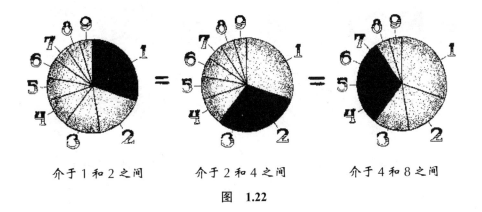

介于 1 和 2 之间　　　介于 2 和 4 之间　　　介于 4 和 8 之间

图　　1.22

显然，如果数中的首位数字看起来分布不均，那是因为我们没有去看应该看的信息：均匀分布的是这些数的对数。看看你在超市里记录的价格清单、太阳系行星的直径，或是世界上河流的长度，然后找到它们的对数。你会发现以 1、2、3、4、5、6、7、8 或 9 开头的数同样多。纳皮尔的对数成功地转换了数的乘法分布，并将这种规律引入加法之中。

基于这一观察结果，西蒙·纽科姆计算出首位数字应当具有的理论分布。幸甚，幸甚！这种理论分布与弗兰克·本福特在五十年后发现的真实分布奇迹般地吻合了（图 1.23）。在理论与具体实验的结果相符时，科学家会感到异常高兴。现在我们可以确信自己清楚地了解了发生的事情。

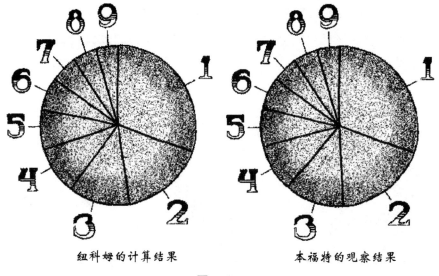

图　1.23

　　只剩下最后一个问题了。是的，这个世界青睐乘法，但为什么？为什么现实似乎在所有的情况下都偏爱这种分布呢？

　　同样地，答案并不存在于大自然中，而是存在于人类对大自然的观察偏差之中。鉴于本福特定律所具有的普遍性，它没有任何理由要取决于我们看待它的方式。

　　例如，法国的地理学家以公里为单位丈量河流，而英国的地理学家则以英里为单位丈量河流。因此，根据你的所在地是位于英吉利海峡的这一边还是那一边，尼罗河的长度要么是 6650 公里（以 6 开头），要么是 4130 英里（以 4 开头）。而世界上所有的河流，其长度的首位数字都会根据所采用的计量单位是法式的还是英式的而发生改变。有人可能会认为，这种计量单位的改变会颠覆首位数字的整体分布，让英国学者使用对数表的方式不同于法国学者的使用方式。但情况并非如此。

公里和英里都是人类的发明，而大自然并不在乎我们使用哪种计量单位去测量它。从法国或英国的角度去看，每一条被分别丈量的河流，其长度不会有相同的首位数字，但如果我们制定出世界上河流长度的完整列表，则首位数字的总体分布应当会保持不变。

换言之，本福特定律应该是不变的。就像美索不达米亚式乘法的结果，就算没有零和小数点也依然会保持不变；就像字母 E 在一个足够长的文本中所占的比例始终会是大约15%，无论文本的内容为何。无论我们使用什么方法去测量自然和收集数据，首位数字的分布都会保持不变。

如果你打算在世界不同国家的超市里进行统计的话，你会发现，本福特定律不会在乎你是以欧元、人民币、美元还是第纳尔来计算。无论使用哪种货币，这条定律都不会发生变化。

计量单位的改变，无论是把公里转换成英里，还是把欧元转换成第纳尔，或是其他的单位转换，都是一种乘法。一条河流的长度是另一条河流的两倍，无论采用哪种计量单位，这个长度的两倍都不会改变。一种价格比其他产品贵三倍的奶酪，无论使用哪种货币，它的价格始终都贵三倍。计量单位改变了，乘法的差距不变。因此，在任意数据列表中，我们都会发现介于 1 和 2、2 和 4 或 4 和 8 之间的数比例是相同的。所以，我们需要关注的是这种乘法的差距。

这就是为什么世界是乘法的。这就是为什么对数标度如此适切。这就是为什么我们的数字系统会不断误导我们的直觉。而这也是为什么本福特定律会是真实、美丽而又放之四海皆准的。

在随后的几年中，本福特定律在各处都得到了具体的应用。

美国经济学家哈尔·瓦里安（Hal Varian）在 1972 年提出用本福特定律来检测舞弊。原理很简单：当舞弊者把一份数据列表篡改成利于自己的时候，他们会露出马脚。也就是说，他们伪造的数据会有不同的首位数字分布。尤其是，伪造的数据会更频繁地以 5 或 6 开头，这与本福特定律不符。这或许是因为舞弊者倾向于认为，相较于以 1 或 9 开头的数，一个中等大小的数看起来不会那么可疑，或是更正常。尽管如此，这种偏差仍会导致首位数字中的 5 和 6 远远多于应有的数量。这种偏差的幅度可以用来估算潜在舞弊者的数量。例如，这种方法被用来追踪税务申报中的统计异常，或发现选举时操纵选票的行为。

但我们必须承认：如果排除几种不同的应用，本福特定律在我们的日常生活中并没有重大的影响。知道超市货品的价格遵循这一定律很有趣，但其实没有太大用处；知道各国的人口、世界上的河流或天空中的天体都遵循这一定律，也没有太大用处。"没用处"究竟是好是坏，由你来定夺。

但是，我们因好奇而踏足的这条道路上充满了惊喜。当然了，出于纯粹的智力挑战，出于体验数学的形式之美，出于让我们的思维变得多姿多彩，不带任何期待地去理解一件事，未必不会让人获得极大的满足。然而，即便是最无用的事情，有时也会暗藏意料之外的宝藏。可不要低估了这些定理。

或许有一天，在你完全没有想到的那一刻，"有用之处"会不期而至。它们会像成熟而甜美的果实那样，自然而然地落入你的手中。

第 二 章

苹果和月亮

世界最高峰

位于厄瓜多尔山脉腹地的钦博拉索火山身形庞大，孤独地俯瞰着这片地区。这座火山已将近 15 个世纪未曾喷吐过火焰了，滚烫的熔岩被终年积雪、寂静无声的冰川所取代。但钦博拉索火山的鼎鼎大名却没有受到丝毫的影响。在稍稍偏离西侧山脉的地方，笨重且凹凸不平的圆锥形山体高耸在安第斯高原的天际线上，耸立在海拔 6263 米的高处俯瞰整个厄瓜多尔。钦博拉索火山是厄瓜多尔的最高峰。来自世界各地的登山健将纷纷前来勇攀高峰，小羊驼在这里平静地吃草，厄瓜多尔把钦博拉索火山绘制在国旗和国徽上，当作本国人最深以为豪的标志之一。

然而，尽管钦博拉索火山引得诗人和地形学家对它极尽赞美之词，但它享有的荣光却似乎超出了理性。当地的一些旅行指南肆无忌惮地宣称它是世界最高峰。是啊，是啊，世界最高峰。但凡上过学的人都知道海拔 8848 米的珠穆朗玛峰会瞬间击穿这个谎言。想要和"亚洲巨人"一较高下，厄瓜多尔火山还差了 2000 多米。这种信口雌黄太离谱，让人难以置信，你会纳闷，那些认为我们会对此信以为真的人脑子里都在想些什么？！

但是，就像我们常常看到的那样，现实世界比我们在字典中看到的填鸭式描述更具创造力，更令人眼花缭乱。现实超越了我们的想象，而且它还会再次动摇我们的先验观念。

事实证明，地球并不是正圆形的。它的两端稍扁，赤道位置隆起。但如果说珠穆朗玛峰确实是海拔最高的山脉，那么其纬度已充分偏移到其原本位置的海拔在整体上低于在厄瓜多尔的海拔的程度。从地心到顶峰可测得珠穆朗玛峰的海拔为 6382.6 千米，而钦博拉索火山的海拔则为 6384.4 千米。钦博拉索火山比珠穆朗玛峰高出了大约 2 千米！

总而言之，世界最高峰的问题并没有那么简单。抛开所有的语境，这个问题本身就问得不好，且无法得出明确和唯一的答案。要讨论这个问题，就必须对海拔做出定义，从而做出绝非显而易见的选择。例如，在某些情况下，可能海平面和地心都不重要，而且需要在考虑到可能被淹没部分的前提下看待超出周围地表的高度。在这种情况下，珠穆朗玛峰和钦博拉索火山都无法拔得头筹，胜出的会是夏威夷的茂纳凯亚火山，海拔为 4207 米，但它高于太平洋洋底 10 210 米（图 2.1）。

如果鱼类懂地理的话，那么或许它们会最先想到这个定义。对于它们而言，把零置于孕育了它们的海洋的表面没有任何意义。我们是否有过从距离我们头顶十来千米的大气层测量海拔的念头呢？但这可能构成第四个定义，它在客观上没有任何值得其他三个定义艳羡之处。

这种海拔的竞争不禁让人想到了加法和乘法之间的竞争。在过去的几个世纪中，很多科学家在各个领域努力做出这类选择。这些选择让测量、分类和研究成为可能，并具有磨平现实的粗糙之处，从而显露出其大致轮廓的优点。但这些选择也有风险：它们给了我们一种理解上的错觉，如果我们对这种错觉太过关注，它就会变得极端而危险。这些标杆有助于让人继续前进，但你还得知道如何超越这些标杆，从而走得更远。

在天文学研究中，行星学家可能不得不对除地球之外的天体做出海拔的定义。因此，这些行星学家可能会声称太阳系的最高峰在火星上，那就是奥林帕斯山，一座海拔为 21 229 米的火山。和它比起来，

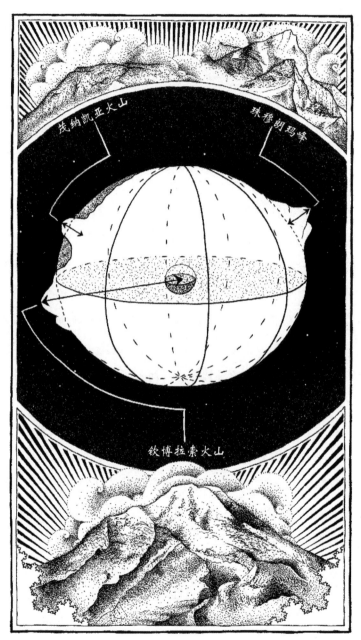

图　2.1

我们的陆地山脉就好像起伏的小山丘。

但这个信息让我们心怀疑虑。奥林帕斯山的海拔参照基准面是什么？是相较于火星的地心而言的吗？如果是的话，那么火星上的火山就绝不可能成为最高峰，火星明显比地球要小。那么是相较于海平面而言的吗？那是哪个海的海平面呢？火星上并没有海……那么或许是相较于周围地表而言的？有可能，但这个红色星球的地表高低起伏、错综复杂，这里是丘陵，那里是沟壑，稍远处又是裂谷或山脉，以至于做出定义会是一种既困难又随意的做法。

请你先想象自己是个行星学家，然后问自己一个问题：你会如何尽可能客观地对火星上的海拔概念做出定义呢？

得出答案一点儿都不容易，而天文学家选择的惯例需要一定的物理学知识。你可能知道，在地球上，海拔越高，空气越稀薄。我们在高山的顶峰呼吸起来不如在海平面上呼吸得顺畅。还可以用气压计来测量大气压力，这样做可以把大气划分为相叠的几层。于是，海平面的平均气压就是 1013 百帕[①]，海拔 2000 米处的平均气压仅为 795 百帕，而海拔 8000 米处的平均气压会降至 356 百帕。

换一个角度去看待这种特性，我们就可以根据某个基准面的气压来确定它的海拔，科学家对火星就是这么做的。火星上零海拔的气压被定义为 6.1 百帕。这显然比在地球上要低得多，因为火星的大气层要稀薄得多。如果在我们的星球上采用同样的惯例，则零高基准面就会在距离我们头顶 35 千米的上方！这个距离大约是长途客机飞行高度的三倍，并远远高出钦博拉索火山、珠穆朗玛峰和茂纳凯亚火山的顶峰。说到底，为什么不呢？严格来讲，可以说我们生活在地球的里面，而

---

① 百帕（hPa）是气压的度量单位，就像千米是距离的度量单位或小时是时间的度量单位一样。

不是地球的表面，不是吗？也就是说，我们生活在大气之中，就像鱼类生活在海洋里、蚯蚓生活在土壤里一样（图 2.2）。

图　2.2

但同样，这个定义也具有随意性，因为大气层没有明确的界限。气压随海拔的升高而递减，并逐渐融合到星际真空中。地冕，即地球大气层可观测到的最外层区域，绵延 630 000 千米，将近地月距离的两倍。那么，我们的卫星也位于地球表面之下吗？这种看待事物的方式似乎过于牵强，以至于无法被严肃对待。没人真正使用过这种定义。但是，公平地说，比起其他的定义，这种定义既不更好，也不更糟。当然，用起来确实不大方便，但并不会更不恰当。

为了让你最终不再对找到一种通用的海拔定义抱有希望，现在想想那些不再具有任何球形外观的天体：彗星 "丘留莫夫"（Tchouri）、小行星 "龙宫"（Ryugu），或是远远超出海王星的边缘天体 "天涯海角"（Ultima Thule）[①]（图 2.3）。

---

① 即小行星 486958，于 2019 年 11 月 12 日正式更名为 Arrokoth，寓意 "天空"。——译者注

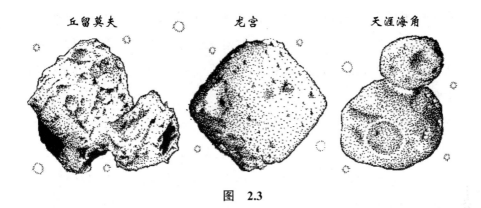

丘留莫夫　　　龙宫　　　天涯海角

图　2.3

　　人类的探测器分别在 2014 年、2018 年和 2019 年造访了这三个天体。对于前两个天体，人类甚至把机器人发送到了它们的表面进行实验。因此，执行这项任务的工程师就必须找到方法，估算出探测器在接近目标天体时和地表的距离，以免与天体相撞。换句话说，他们必须对海拔的概念做出定义。而做到这一点是没有奇迹之法的：这些天体没有海，没有地心，没有大气。由于它们形状怪异，人类就必须根据每种情况去摸索并打造出适宜的方法。

　　海拔只是众多此类例子中的一个，面对这种情况，所有意图将现实梳理出头绪的尝试都可能复杂得令人绝望。如何在正确的时间做出正确的选择？采用什么标准，以及为什么采用这种标准？我们对一个不完美或主观的定义能满意到何种程度？而且应该在什么时候决定对它弃之不用？当一切看起来都是相对的时候，我们又能以什么为仰赖？当世界看起来是流动的，而且每当我们想要抓住它，它就会从指缝中溜走时，我们又该如何进行科学研究？

　　所有这些问题都既令人兴奋又令人恐惧。理解现实的过程分为几个阶段。首先，以某种模糊的方式直觉地感到领悟了一些事情。一些山比另一些山更高。然后，通过测量和定义来确定直觉的感受。以海平面为基准来测量海拔。这些定义会伴随我们一段时间，并推动我们前行。它们会指引我们去思考，指引得如此之好，以至于到了某一步，这些定义本身会告诉我们，它们无法走得更远，而我们将不得不与它们分道扬镳。这个时候，最为微妙的时刻或许就来了。这一刻最让人感到不舒服，但也最令人陶醉。那就是超脱的时刻。那是当事物变得如此清晰以至于再次变得模糊的时刻。那是我们对事物理解得足够多以至于知道自己理解得其实没有那么多的时刻。就像一张漂亮的照片，因为看的时候凑得太近，变成了一个个像素块。

在经过充分的探究之后，海拔问题似乎就成了像浪花之于海洋那样情理之中的问题。最终，无法客观地选定全球最高峰并不重要。这从一开始就是个伪问题，是一个圈套，是一道暗影。相反，其他谜题现在似乎更值得我们去探个究竟。为什么不同的海拔定义互不匹配呢？为什么地球不是正圆形的呢？而为什么它必须是正圆形的呢？它的这种形状是纯粹偶然的结果，还是自然规律的鬼斧神工呢？在这些情况下，高和低又意味着什么呢？如何对这些看似如此简单，但当你想要深入探究时又变得如此棘手的问题进行科学的探讨呢？

正如超市价格的异常促使我们循着本福特定律而去一样，海拔的不一致不过是大自然为了引起我们注意而放在那里的一个细节。真正的挑战藏在背后。让我们继续前进，前进！美丽的事物就要来临。

数字是什么？

稍后我们会再回到钦博拉索火山的山坡上，现在我们先离开山顶一会儿，好探一探过去的学者为我们开辟的那些道路。早在我们之前，这些学者也曾有过他们的疑问和错误。有时候，这些疑惑让他们在几个世纪中停滞不前，直到某个学者最终找到了出路，直到他们的发现之路变得安全并被放置了路标。

在我们的先辈研发的工具中，数学为细细探究这个世界提供了名副其实的全套装备。而这套装备中最根本的工具之一，就是数字的概念。我们用数字进行计数、测量或计算，而任何想要走得更远的科学都必须与它结盟。

当然，你已经知道什么是数字了。你们每天都会碰到数字，数字在我们的生活中无处不在，以至于我们有时候都意识不到它们的存在。查看时间，在超市付款，查看汽车的里程表，测量顶峰的海拔，翻看这一页的页码……数字的身影随处可见！但是，数学家理解的数字与我们在日常生活中使用的数字具有完全不同的性质，在这个看似微不足道的问题上稍事停留不无用处：数字究竟是什么？

如果我们从纯语法的角度提出这个问题，那么在包括法语在内的大多数语言中，数字大多是形容词。也就是说，它们与名词相结合来指称后者的数量，就像其他的形容词可以表示颜色、形状或其他特征一样。数字可以计数。一个数字应是某样东西的数量。例如，如果我告诉你这个句子里有 74 个元音和 103 个辅音 [1]，那么形容词数字

---

[1]　这是确切无误的。（译者注：法语原文如此。）

"74"和"103"就是用来确指名词"元音"和"辅音"的。它们只有通过和相关名词相结合才会具有意义。

在几种罕见的语言中，数字被赋予了不同的地位。比如，在古毛利语中，数量被视作动词，也就是说，被当作主语的动作而不是被动的特征。如果法语和数字建立的是这种关系，那么大仲马的《三个火枪手》就会改名为《数三火枪手》(但实际上是"数四"，因为还有达塔尼昂)，《海底两万里》中儒勒·凡尔纳笔下的尼莫船长就会成为《海底数两万里》的主角，而我呢，就该告诉你这个句子"数三百零四"个字母。如果我们在每种以此方式构建起来的语言中思考数量，那么我们与数字的关系就会被彻底改变。

但这种角度与数学家采取的角度又有所不同。对于数学家而言，数字既不是形容词也不是动词，它们是名词。在数学世界中，占据主导地位的是数字。一个数字不是一个"什么东西的数量"。三不是"三天"的三，不是"三公里"的三，也不是"无论什么三"的三；三就是三，别无其他。

美索不达米亚的学者是最早选择踏上这条道路的人，他们让数字脱离了其所数的对象。对于那些我们在尼普尔碰到的书吏而言，数字十二就这么被写了出来：〈𝐘𝐘。无论用它来数羊还是数牛，或是数什么其他的东西，全都不重要。但情况并非总是如此。在文字出现的时候，"十二只羊"的十二和"十二头牛"的十二，写法并不一样。这个抽象的第一阶段标志着数学当仁不让成为一门独立科学的转折点。

在第二个阶段，科学家逐渐开始使用这些数字，他们甚至不需要用这些数字去数些什么。十二可以就是十二，无须数什么东西。这一阶段细微而精妙，将需要数千年才会得以成熟和演进。

即使是在今天，大多数人也只是将数字看作数量。如果我跟你说3+5=8，你很可能会认为这个等式表示的是"三个什么东西"加上"五个什么东西"等于"八个什么东西"。诚然，我们没有必要知道这些"东西"是什么，但也很难想象根本就没有什么"东西"。在我们的头脑中，数字继续被解读为数量。但是，等式3+5=8完全可以被看作数学世界的一种简单事实，而不一定要把它和某些实际的东西联系起来。

这种观念既精妙又强大，正是在这种抽象的自由中，数字才能绽放出所有的潜能。让我们通过练习去驯服本真的数字吧，它将展现出尼普尔书吏们远远无法想象的力量。

要测量数字涵盖的范围，从一些具体的示例入手会很有用。我们就来说说食物。牡蛎和意大利面有一个共同之处，那就是，它们都有不同的大小，这些大小通常是以数字标度来表示的。但是，这两个标度之间存在一个重大的差异：衡量标准不同。小数字指称较大的牡蛎和较细的意大利面（图2.4）。

这些颠倒的分度令人困惑，如果你和我一样执着于让事物保持井井有条的话，这甚至会让人恼火。我们想让那些给食物编号的人彼此达成共识。但是想想看：这两种编号取向，哪一种对你来说更自然呢？如果可以改变两种标度中的一个，你会选择改变牡蛎的标度还是意大利面的标度呢？

奇怪的是，向不同的人提出这个问题，答案也不尽相同[1]。这两种编号

---

[1]　在作者于2019年4月对某社交网站用户进行的一项非正式调查中，5700名受调对象中有63%的人表示意大利面的编号更加自然，认为牡蛎的编号更加自然的人则占19%，18%的人未予评论。

对应两种不同的心态，没有任何一种敢说在客观上比另一种更好。对于意大利面来说，数字与粗细直接相关。如果面条更粗，数字也就越大，这似乎很合逻辑。而牡蛎则按名次的高低编号。在一项比赛中，站在领奖台 1 号台阶上的比站在 2 号台阶上的名次要高，尽管数字 1 比数字 2 要小。因此，1 号牡蛎的个头更大，其名次也就高于 2 号牡蛎和 3 号牡蛎。

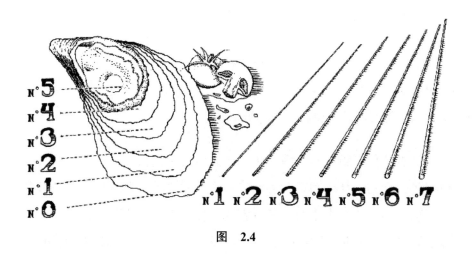

图   2.4

仔细想想这一点，我们可以将问题推进一步，可以说，食物编号的主观性体现出了它们的欺骗性。这是一些伪数字，也就是说，这些数字并不需要是数量。它们只是被用来表示一种模糊的标度，而与它们的值没有必要的关联。比如，找出它们的对数是毫无意义的。一只 2 号牡蛎和一只 3 号牡蛎加在一起与一只 5 号牡蛎毫无关联，而且其口径也会因种类的不同而不同：一只 2 号平牡蛎和一只 2 号长牡蛎的重量会不一样。意大利面的编号也没有统一的标准，不同品牌使用的标准并不完全一样。

老实说，我们日常生活中的很多数字完全不需要成为"数量"才能发挥它们的作用。很多数字是纯主观选择的结果。街道两旁房屋的编号、市镇的邮政编码、社保号码、电话号码，所有这些数字都可以由任意的字母或符号来替代。我们可能住在邮政编码是 URFKH 的某个市镇的 G 号楼，把我们以 TL 开头而不是 06[①] 开头的手机号码告诉朋友。这完全不会影响我们对这些信息的使用。

在如此琐碎凡常的情况中去发掘这样一个微妙而强大的数学概念，会让人感到几乎是在浪费精力。另外，确实有一些分度使用的并不是数字标度。音符本来可以被命名为 1、2、3、4、5、6、7，但我们将其称为 do、re、mi、fa、so、la、si。汽车牌照既用字母也用数字。衣服的尺码通常用 S、M、L、XL 来表示，尽管它们有被数字取代的趋势。

但出现在非必要情况下的数字分度有一个作用：向我们证实数字可以摆脱数量。这些数字没有计数的功能。电话号码或社保号码并不是"什么东西的数量"。这一被解除的束缚就是数字身份的根本所在。

温度的例子更加引人入胜。1742 年，瑞典天文学家安德斯·摄尔修斯（Anders Celsius）为自己的气象研究设计了一种新型温度计，并获得了巨大的成功，他的名字也被用作这种温度计温标的单位，称为"摄氏度"。时至今日，绝大多数温度计以摄氏度为单位。

但有一件事很奇怪：摄尔修斯温度计的刻度和我们现在使用的温度计的刻度相反。对这位瑞典科学家来说，温度越高，物体就越冷！其温标规定，水在 100℃结冰，在 0℃沸腾。我们已经习惯从相反的角度去看待事物，以至于这种方法除了让人感到困惑之外，还会让人觉得是完全错误的。但请思考片刻：你能提供任何论据来证明，温度随热度

---

① 法国的手机号码以 06 开头。——译者注

升高要比温度随冷度升高更确切吗？分度的意义不过是随意选择的结果，我们应该抛开成见。

很多例子可以颠覆我们的习惯。在南半球的一些国家，比如澳大利亚或新西兰，你会在一些地图上看到北是朝下的。一个北半球的人在查看这样的地图时很难不感到困惑，而且我们的大脑几乎会自动地反转这种图像。同样，第一次翻开一本日本漫画的新手读者也会感到不习惯，因为他得从本应是结尾的地方开始阅读。而当你在阅读法文版漫画的时候，会需要一些时间才能习惯用与我们的阅读习惯相反的方式去翻页。

你可能还会惊讶地发现，"这行字是用牛耕式转行书写法写的，说是就也"，要用蛇形方式来念：一行从左往右念，下一行从右往左念（图 2.5）。不同的古代语言，比如古希腊语或伊特鲁里亚语，最初采用的都是牛耕式转行书写法。

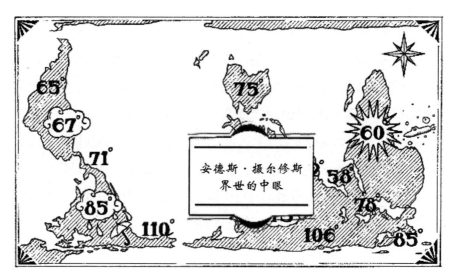

图　2.5

　　但让我们再回到温度的问题上来。鉴于我们用数字来测量温度，因此，我们有理由自问是否可以换一种方式测量。我们是否可以无差别地使用字母或另一种特定的标度？毕竟，如果你把一锅10℃的水倒入一锅20℃的水中，不必尝试做加法，你永远也不会得到一锅30℃的水！混合的水，其温度会是约15℃，介于两锅水的温度之间。我们在混合之前分别得到的20℃和10℃去哪儿了呢？它们怎么会消失了呢？我们只不过把锅里的东西合在了一起，并没有去掉其中的任何东西呀。这些操作似乎与最基本的算术法则相悖。我们在说到20℃的水时，实际上并不能数出二十个单位。你不可能说这是一度，这是两度，直到二十度。显然，摄尔修斯的标度并不是在计数。

　　这位瑞典科学家读数颠倒的温度计成了一个补充性的证据：如果标度保持不变，则两锅水的温度分别会是80℃和90℃，而两锅水的混合物的温度则会是85℃。但是，这些测量的精准度不会低于我们的测量的精准度。

　　然而，即使这些数字不是在计数，但值得注意的是，它们仍然保有数学的关系。两锅同等体积的水的混合物，其温度将等于初始温度的平均值。10和20的平均值等于15。而且，值得注意的是，这一平均值在摄尔修斯颠倒的标度中仍然有效：80和90的平均值等于85，而颠倒过来的85℃对应的正是15℃。可以这样说，颠倒数的平均值等于平均值的颠倒数。

　　平均值通过标度的颠倒保持不变。因此，这个平均值能够与温度可能具有的不同定义完美兼容。无论你是用摄尔修斯颠倒的标度、我们目前的标度，还是像美国人那样以华氏度为单位，或是像热力学家那样以开尔文为单位，混合物的温度都是平均温度。

这一观察结果至关重要。它告诉我们，即便温度不是数量，也有可能并且有必要能够用它们进行计算，这就充分证明了把它们当成数字的合理性。数字可以不是"什么的数量"，无论如何都完全配得上数学对象的地位。

如今，不表示数量的数字已经在科学中无所不在，并成为现代技术的必不可少之物。我们的计算机和智能手机中所有的内容都是数字的，也就是说，这些内容是以数字的形式存储在设备内存中的。对于一台计算机而言，一幅图像就是一串数字，一段音乐就是一串数字，你正在看的这本书在印刷成册之前，也是一串存储在计算机硬盘上的数字。而在撰写这本书的过程中，我每在键盘上输入一个字母，这个数都会改变。就在我写下这几行字的时候，这个数的值约为 $10^{100\,000}$，也就是说，这是一个有十万位数字的数 ①。在这本书写完的时候，这个数的位数将会翻三倍，也就是约为 $10^{300\,000}$。

通过数字化的过程，任何创意活动都可以简化为以下这个简单的任务：找到数字。

当然，我们的技术设备会尽可能让这一过程在我们的眼中变得透明。我们看不到这个过程，但设备却在进行计算。想象一下，一位音乐家分别录制了一段乐曲中不同乐器的演奏片段，然后想把这些片段合成一条音轨。在使用混音软件时，这位音乐家会觉得自己只是把鼓、贝斯和吉他的声音叠加在了一起，但在内部，对他的计算机而言，这些声音就是数字，而这些数字的叠加是一种数学运算。最终的数字将

---

① 我无法在这里把完整的数写给你看，因为这个数会跟这本书的篇幅一样长，那么本书的页数就得翻倍了。

是鼓的数字、贝斯的数字和吉他的数字的平均值。

如果你在进行图像编辑、视频剪辑、文字处理或所有你能想到可以用计算机做的事情，那么情况都会是如此。在你进行创作时，你的计算机在做数学运算。计算机使用的数字不是用来计数的，这些数字不是数量，它们只是可以根据不同情境来加以解读的数字，就像文本、照片或音乐。

知道如何讨论理想对象而不必知道如何将它们与它们所源自的具体情况相联系，这就是数学的伟大力量。先把我们可能对数字做出的解读放在一边，然后把注意力集中在数字的内在特性上。无论这些数字意味着什么，甚至无论这些数字是否意味着什么，我们都可以对它们进行一番研究。

雨伞的功用

我记得几年前经常合作的一位数学家朋友曾经说过一句话。当时我们俩正要道别，我们决定在两周后的同一天、同一时间再见。在她掏出记事本以便记下见面的日期时，我听到她喃喃低语了一句，多半是说给她自己而不是说给我听的："今天是 4 月 20 号，那么 14 天之后就是 34 号，那就是 34 减 30——5 月 4 号。"

这个算法让我笑了。我在回程的地铁上想了很长时间，她发明了一个不存在的日期：4 月 34 号。这种思维方式对于一个受过数学训练的人来说既自然又典型！当天晚上，我对几个并非数学专业出身的朋友提出了这个问题："14 天后是几号？"我发现他们每一个人推导日期的方式都不一样。有人说，10 天之后是 4 月 30 号，所以 11 天之后就是 5 月 1 号，那么 14 天之后就是 5 月 4 号。从 4 月到 5 月的过渡打破了算术的规则，因为 30 的后面是 1，这一过渡似乎把他们限制在一个数学之外的步骤上去进行月份转换。由于数字的自然增长被打断了，因此必须着意打断这种思维。而我必须承认，如果有人对我提出这个问题，我很可能也会这样推导日期。

相反，我的那位数学家朋友并没有在这些太过实际的障碍上停滞不前。4 月的最后一个日期没有对她的加法形成任何妨碍。因为 20 加 14 等于 34，所以日期就会是 4 月 34 号。而 4 月 34 号就等于 5 月 4 号，仅此而已（图 2.6）。她发明了一个不存在的日期，以便让自己的推导直达目标。而这丝毫没有妨碍她得到正确的结果！

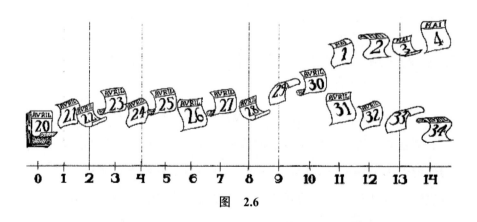

图　2.6

这是数学颠覆我们三观的优点之一：可以用不存在的东西去恰当地思考。实际上，思考不存在的东西甚至可以说是数学的特性。不存在的东西也就是抽象的东西。

数字显然是最引人注目的例子之一。一旦脱离了被它们模型化的现实，数字就成了纯抽象的概念。它们是想法，是我们用作思维中间环节的想象之物。就像发明 4 月 34 号来推导日期会是方便之法一样，发明新的数字对思考新的问题也会有所帮助。

　　比如，负数就是这样不期而至的。没有任何距离会是 –11 千米。无论从哪种逻辑上来讲，距离都应该用一个正数来表示。但是，在测量地球上各点之于海平面的海拔时，把位于海平面之下的海渊的海拔看作负数会很实用。照此，位于地壳最深点的马里亚纳海沟的海拔就是约 –11 千米①（图 2.7）。负海拔就是地理学家的 4 月 34 号。

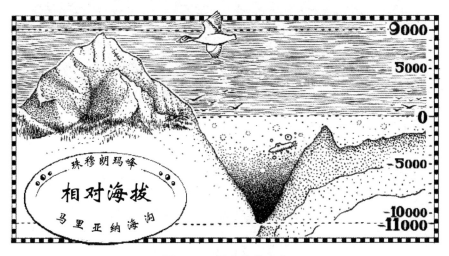

图　2.7　图中单位为米

　　研究数学，就是创造想象的世界，在这些世界中，我们的思维可以自由漫步，不必担心现实的妨碍。这种思维方式虽然涵盖的范围要广得多，但和尼普尔人在加法世界中用来简化乘法的思维方式非常相

---

① 我就不再强调了，但你是否注意到 –11 是以 1 开头的呢？

似。当你碰到一个科学问题时，下面这种解决方法往往会很有效：

1. 创造一个数学世界，你可以在这个世界里把问题模型化；

2. 在这个数学世界里解决问题；

3. 把结果转回到现实世界中。

比如说，这种通用的方法就被天文学家用来了解行星的轨迹或预测日食（图 2.8）。

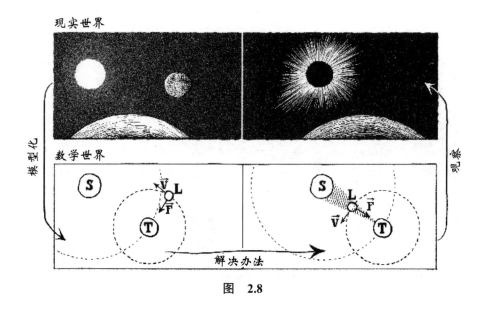

图　2.8

这种解决问题的模式叫作"雨伞定理"。如果你在雨天想要在不被淋湿的情况下从一个地方前往另一个地方，请按照以下步骤操作（图 2.9）：

1. 撑开你的雨伞；

2. 开始你的行程；

3. 收起你的雨伞。

　　步骤 1 和步骤 3 的操作是相反的，如果你能够在雨伞为你打开的特定世界中达成预期的目标，那么你在操作结束时就会恢复到开始时的状态。负数的雨伞为地理学家测量海拔提供了研究上的便利。对数的雨伞让淹没在乘法中的天文学家得以进入加法的世界。而更广泛地说，抽象的雨伞为所有科学家进入数学世界提供了可能。

图　2.9

　　在接下来的路途中，我们还会用到很多雨伞。雨伞，是观点的改变，是差异，是从另一个角度看待事物的艺术，一种更适合、更有效的角度。

　　走得更远，并不总是意味着长久而乏味的努力，而是首先要找到解决所面临的问题的正确方法。如果我们以正确的方式看待问题，那么最错综复杂的问题也会在一瞬间变得简单明了。伟大的智者能尽显其才，首先是因为他们拥有在正确的时间发明正确的雨伞的能力。

　　在 18 世纪，古怪的作家和旅行家乔纳斯·汉韦（Jonas Hanway）

是第一个使用雨伞的伦敦人。这是一把真的雨伞——挡雨的伞。他为此遭受了很多白眼和伦敦马车夫赤裸裸的恶意，因为在当时，搭乘马车一直是在糟糕天气出行而不会被淋湿的唯一方法。毫不畏惧旁人眼光的汉韦继续自豪地使用了三十多年的雨伞，并慢慢看到他的同胞们也开始使用雨伞。在他去世后几个月，第一批商业化雨伞出现在英国，并获得了我们今日所知的成功。

不要惧怕与众不同，这就是雨伞的智慧。让我们无所畏惧，既不感到羞耻，也不抱有偏见。一旦接受在头顶撑起抽象的雨伞并进入数学的世界，我们就不会再全然依赖现实。不必让自己陷在无用的限制或令人尴尬的既有观念之中。你想要一个 4 月 34 号吗？拿去吧！你想要负数吗？拿去吧！你想要无穷吗？拿去吧①！如果所有这些想法不会干扰你组织思维，甚至还有所帮助，那为什么要剥夺它们呢？你是自由的！

如此自由，甚至容易让人头晕目眩。在这一点上，数学和一大盘点心有着异曲同工之妙——选择太多，就难以做出选择了。懂得如何在数学世界里自我驾驭，是一种需要实践和直觉的能力。

为此，数学家制造出很多导航工具，其中有两个指南针：一个名叫"实用"，一个名叫"优雅"。"实用"引导我们创造出最贴近现实的抽象世界，在这些抽象世界中进行的研究能够轻松地转化为关于我们宇宙的知识。"优雅"告诉我们要完全抛开现实，并沉醉在抽象世界的奇观中。那里有许许多多美丽的事情要做——如果一件事是无用的，那它就更美了。

每个人都能以自己的方式使用这两个指南针。有些人偏爱其中的

① 我们在后文中将一起讨论无穷。

某一个，有些人则两个一起用，并不断在两个指南针指示的方向之间
寻找完美的平衡。但世界充满奥秘，因此，探索实用之人和探索优雅
之人常常会在走过不同的道路之后，在同一个地方不期而遇。看到大
自然如此喜爱按照优雅的数学原理运转，真是既让人目瞪口呆，又让
人不知所措。

万物落在万物之上，一刻不停

在抵达位于英国乡间林肯郡的伍尔索普小村时，你会感到那里若
有若无的晨雾中漂浮着一种既普通又凌厉的气息。那里零星排列着十
几幢带有花园的中型住宅。这片地区周围环绕着一望无际的田地，几
乎没有受到从伦敦至爱丁堡的 A1 高速公路横贯而过的干扰。远处发动
机的嗡嗡声和鸟儿的歌声交织在一起。经过伍尔索普的车辆很少，只
有本地居民会开车去上班，以及借道科尔斯特沃斯前来伍尔索普庄园
参观的游览车。

这些住宅的西南面是村中最古老的房屋，建于 17 世纪，每年吸引
着成千上万的好奇游客前来朝拜。伍尔索普庄园不是很大。这是一幢
倒 F 形的建筑，用略带赭石色的灰色石块修砌而成，高两层，有一间
阁楼，外墙上排列着二十来扇小窗。我们可以沿着水巷路经由一条夯
土小道进入庄园，小道的周围是一大片修剪凌乱的草坪，草坪上长着
几棵树和英国灌木。

现在，庄园已经变成了博物馆，但它最吸引人的地方并不在墙壁
之内。在西侧的花园里，有一棵有着浅灰色树皮的苹果树，岁月的风

霜令树干弯曲,游客们对它特别感兴趣。人们来这里就是为了它。游人面带灿烂的微笑纷纷与它合影,并在当晚把照片发给朋友:"猜猜我今天看到什么了?"这棵树在伍尔索普的地位就像蒙娜丽莎在卢浮宫的地位。人们将信将疑地看着它,几乎不敢相信它是真的,对着这棵老树不禁涌起满腔的钦佩之情。人们语带调侃地不断传颂着这棵苹果树的传奇故事,它在三百多年前催生出了科学史上最奇妙的想法之一。

1642 年的圣诞之夜,艾萨克·牛顿出生在伍尔索普庄园。有一天,他在花园里喝茶沉思的时候,一个苹果掉了下来。

为什么东西会掉落?这个简单的问题所涉极广。世界上没有任何现象比引力更具有深度。这是一件我们如此熟悉且司空见惯的事情,实在令人难以相信它竟然会那么复杂。

从生命的头几年开始,所有人就已经学会了玩引力的游戏,把它的原理借为己用。年幼的孩子会积累经验、扔东西,甚至很早就掌握了识别一切掉落物体的惊人能力。用能够漂浮或上升的物件,比如氦气球,给只有几个月大的婴儿变戏法,你将发现他们会瞪大双眼,显然,他们意识到发生了非同寻常的事情。

引力送上第一个大惊喜,是在我们小时候得知地球是圆的那一天。这个发现让人目眩,因为它颠覆了我们的大脑对上方和下方的描绘。如果地球是圆的,那为什么地球另一端的人们不会掉进星际真空里呢?为了解开这个矛盾之谜,引力第一次迫使我们改变了自己的观点。下方,指的不是宇宙中的一个固定方位,而是我们星球的中心点(图2.10)。生活在地球另一端的人的头脚方向与我们不同,但是和我们一样,他们也是头在"上方",脚在"下方"!

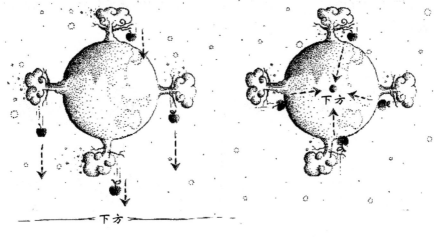

图　2.10

　　这种解释令人满意，我们可能会就此止步。但在科学上，一个答案会带来十个新的问题——游戏从未真正结束，一贯如此。那么好吧，我们知道地球的下方在地心，但怎么会在地心呢？

　　比如，我们会很自然想要知道，究竟是下方构成了地球，还是地球构成了下方。换句话说，地球在这里形成是因为下方在它之前就在那里了吗？还是因为有了地球后，才使得下方来到了它的中心呢？让我们做一个思想实验。如果有可能借助巨型火箭的牵引力让地球在太空中移动，那么下方是会保持静止不动、悬浮在真空里，还是会跟随地球移动呢？而处于地球表面的人类是会掉进星际真空中，还是保持在地面上不动呢（图2.11）？

　　直到17世纪，这个问题仍不断引起科学界的种种争议。1609年，天文学家约翰内斯·开普勒出版了一部具有开创性的著作——《新天文学》（*Astronomia Nova*），他在书中明确表示支持第二种假设。在他看来，是地球产生了引力，是地球通过构成它的物质把我们吸引向它的中心。

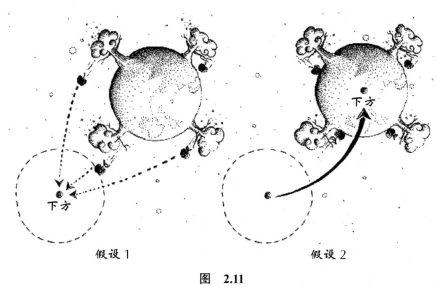

假设1   假设2

图   2.11

　　开普勒甚至认为，这种吸引事物的能力并非只有地球才有。在他看来，这是物质的一种普遍特性。因此，他写道，如果可以消除地球的引力，海洋就会升入星空，直到它们在月球的躯体上流淌（图2.12）。他还声称，这种吸引能力并非为行星或其他天体所独有的，而如果两个小物体被送到宇宙的广袤空间中，远离大天体的引力影响，那么它们就会慢慢地掉落在彼此之上。

　　你在21世纪阅读这本书的时候，或许已经知道历史证明了开普勒是对的。是的，地球的引力确实是它自行产生的，就像所有的物体自行产生引力一样。但不要忘记，在17世纪，这一切不过是猜想。了不起的猜想，毕竟还是猜想。想要让一种论断具有科学性，就必须能够

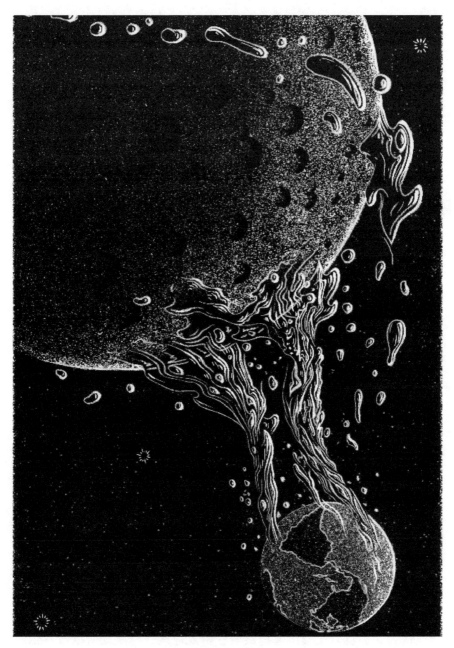

图　　2.12

用准确和可以验证的说法把它表达出来，而且最好能用数学的说法。然而，我们不可能消除地球的引力，也不可能在那个年代把两个小物体送入星际真空。开普勒的想法极具远见，但还不完善。剩下的，就是要创立一种严谨的且可以验证的伟大理论来证实所有这一切。

就在那个时候，在伍尔索普的花园里，一个苹果掉了下来。

1687 年，艾萨克·牛顿出版了一部名为《自然哲学的数学原理》（*Philosophiæ Naturalis Principia Mathematica*，下文简称《原理》）的非凡之作。这本书可以说是科学史上最具影响力的作品之一，标志着人类理解引力和通过引力理解宇宙的转折点。书中介绍的引力理论因其非凡的普遍性和数学公式化的力量而引人瞩目。

苹果掉落让牛顿产生了撰写《原理》的伟大想法，在这个故事中有多少是真实的，有多少是杜撰的，我们并不太清楚。牛顿的这个想法部分借鉴了开普勒的思考，但他把这些思考推到了极致，从而提出了一个绝对通用的原理，这个原理可以表述为：万物落在万物之上，一刻不停！宇宙中的任意两个物体，无论它们是什么，身在何处，都会不断地相互吸引，若无阻碍，两者会具有相互掉落的趋势。

借助这个简单的法则，牛顿解释了各种风马牛不相及的现象，而此前人们从未想到，这些想象可以用如此简单的方式加以理解。当然，万有引力解释了为什么苹果会掉落在地球上，因为它受到了地球的吸引。正如开普勒所预言的那样，万有引力还解释了潮汐现象。海洋每天升起又落下，是因为受到了月球的吸引，尽管我们卫星的引力还不足以把地球上的水带到月球上，但也足够让地球上的水升高几米。牛顿还认为，是引力让行星保持致密。构成地球的物质之所以没有像抛在风中的一捧沙子那样在空中散开，那是因为引力让它保持聚成一体的状态。

但是，牛顿最大的成就无疑是用简单的引力定律解释了月球和行星的运动。

在过去的几个世纪中，陆地上的现象和天空中的现象一直都被区别对待。人们认为天空中的物理规则有所不同。人们认为苹果掉落的运动法则和行星转动的运动法则不一样。证据就是，苹果没有在转动，而行星没有在掉落！但牛顿在《原理》中提出了相反的看法，从而掀起了一场名副其实的革命。在他看来，所有旋转的天体唯一的运动就是永不停止地掉落。

就以月球为例。牛顿声称月球受到地球的吸引并朝地球掉落。但这一推理的全部精妙之处就在于：由于地球的直径只有约 13 000 千米，而月球又运行得飞快，因此后者掉落时就总是落空！于是，月球一次又一次地朝着不断躲开的地面重复同样的运动，从而持续掉落而速度不减。对于牛顿而言，我们所说的轨道，不过是永远落空的掉落。

下方位于地心的事实，让这种永恒的掉落成为可能。假设你拥有超人的力量，能够以惊人的速度把苹果径直向前抛出，使之落在地平线的后面。如果"下方"的方向保持不变（图 2.13 左），那么苹果就会飞出地球，掉入无限的星际真空中。但因为下方在我们星球的中心，所以苹果掉落的"下方"就会随着苹果的旋转而改变方向。因此，苹果就会继续朝着不断"躲开"的地面掉落，而这个地面处于不断的运动之中。你就把苹果送入了轨道（图 2.13 右）。

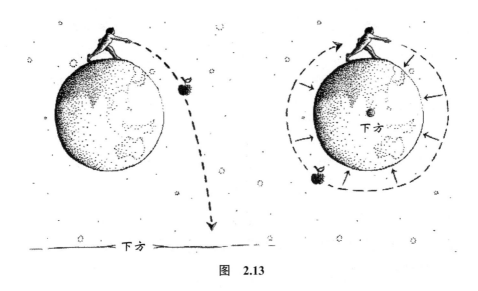

图　2.13

另外，应该注意的是，即使以合理的速度将苹果抛出，它还是会旋转。我们之所以看不到苹果旋转，是因为它还没有机会走完自己的轨道，就撞到地面了。但如果地球被压缩为地心，从而使地面不再形成妨碍，那么抛出的苹果就会沿着类似于太阳系彗星的完美椭圆形轨道运行（图 2.14）。

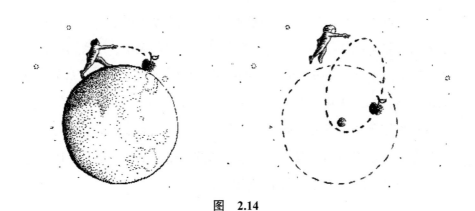

图　2.14

如果可以的话，我建议你把手中的这本书暂放片刻，花点儿时间去充分体会一下这个令人眩晕的观点。月球像苹果一样掉落，苹果像月球一样旋转。你意识到了吗？月球像苹果一样掉落，苹果像月球一样旋转！明白这一点太让人高兴了！多么令人激动，多么令人陶醉啊！

世界以这种方式运转简直是一个奇迹。我们了解到，这确实是个奇迹。如果说，人类常常会把自豪感放错了地方，那么，身为一个能达到理解世界的水平的物种，我想，为此感到自豪是合情合理的。智人们，昂首挺胸吧，我们理解了引力！

当然了，这一定律适用于天空中所有的天体。凡旋转的都在掉落：卫星朝着行星掉落，行星朝着太阳掉落。而在牛顿之后很久，天文学家们还会发现，我们在天空中看到的所有星星都在以一种螺旋运动的形式相互掉落，就此形成了我们的星系——银河系。

这一如此简单而深奥的原理，将如此的优雅与力量集于一身。万物落在万物之上，一刻不停，一切都得到了解释。

引力的成功

很抱歉，在这样一番目眩神迷之后，我不得不把大家再次带回到地球上。我们或许激动得过早了点儿。

所有这些关于掉落的月球和旋转的苹果的推论让人万分欣喜，但我们应该警惕自己对它们的笃信程度超出合理范围的冲动。一种科学理论要变得有效，就必须精确且可以验证。"凡旋转的都在掉落"，听起来很美好，实则含混不清。当然，牛顿认识到了这一点，但他也不是随随便便就说出这些话的。作为一名专业人士，他对引力做出了全盘数学化的处理，以便量化他所描述的现象，使之能够与现实进行比照。

在《原理》中，这位英国科学家写道，引力取决于两件事：物体的质量和物体间的距离。掌握了这些信息，你就可以通过一个数学方程来计算这个力[①]。物体的质量越大且彼此距离越近，这个力就越强；物体的质量越小且彼此距离越远，这个力就越弱。几个世纪后，科学界用这位英国科学家的名字命名了这些力的计量单位，以表达对他的敬意。在地球表面，物体受到的引力约为每千克 10 牛顿。照此，如果你的体重是 60 千克，那么你在地球上受到的引力就是 600 牛顿。在月球上，引力会是地球上引力的六分之一。如果你到月球上走一遭，那么你在那里受到的引力就约为 100 牛顿。

在了解了物体所受的引力之后，剩下的问题就是，这些力对物体的速度和位置有什么影响。如何对一条轨道进行具体的计算？为了回答这个问题，牛顿将再次运用他所有的创造力和打破桎梏的能力。

列出《原理》中的所有天才想法，会是一件漫长而乏味的事情。牛顿在《原理》中发明了崭新而优雅的数学，与之相比，"4 月 34 号"和负数就是小小的练习。他最杰出的成就之一，就是对速度观念的模型化。对此稍作讨论会很有意思。

让我们举个例子。如果你有一辆汽车，那么你肯定知道汽车仪表

---

① 这是科学史上最著名的方程之一：$F = G \times m_1 \times m_2 / d^2$。换言之，力 F 由引力常数 G（其值约为 0.000 000 000 07）乘以相互吸引的两个物体的质量（以千克为单位），再除以这两个物体的距离（以米为单位）的平方算得。

盘上有一个转速表。当汽车停止时，转速表的读数为 0 千米 / 时，你开车的速度越快，转速表上显示的数字就越大。但当你向后行驶的时候会发生什么呢？很可惜，没有什么不同。在大多数汽车上，转速表无法区分向前行驶和向后行驶。但请你稍事思考：你难道不觉得，转速表在倒挡时显示一个负数会更令人满意吗？比如，你目前的行驶速度是 −10 千米 / 时。

　　这可能看起来有些奇怪，但说到底，这就类似于海平面以下的海拔的原理。经过我们之前的所有思考，这个想法应该不会让你感到太过惊讶。如果你以 30 千米 / 时的速度（向前）行驶一个小时，然后再以 −10 千米 / 时的速度（向后）行驶一个小时，那么你就相当于向前行驶了 20 千米。既然 30 与 −10 之和等于 20，那么这就是成立的！诚然，这种看待事物的方式对于驾驶来说毫无用处，但对于那些想要进行数学计算的人来说却是非常有趣的。

　　相反方向的行驶速度可以一个为正、一个为负，这一想法将成为牛顿的灵感之源，但这还不够。与仅表示向上或向下距离的海拔不同，速度可以朝向任何方向。因此，只用负数是不够的，从某种意义上来说，你需要一整类数。一个向南的速度应该同时是向北速度的负数，而一个向西的速度同样应该是向东速度的负数，依此类推。

　　牛顿选择用一种从未在天文学上使用过的数学概念将其模型化，而今天，我们把这一概念称为向量。向量，从某种意义上来说，就是一种带有指南针的数。如果你把一个向西的数和一个向南的数加起来，就会获得一个向西南的数。很抽象，但行得通！得益于这种表述和其他一些描述，一切都奇迹般地进展顺利。牛顿成功地用简明而优雅的数学对引力做出了描述。现在，他可以计算苹果、月球、行星和所有受到引力的物体的轨道了。

雨中漫步尽管迷人，但总有收起雨伞的时候。牛顿的理论如此美丽，让人几乎不想从中走出来。

尽管创立牛顿理论是为了描绘我们观察的这个宇宙，但《原理》中提出的理论不过是个彻头彻尾的虚构世界。在这个数学的世界里，苹果掉落，行星转动，海洋涨潮又落潮。这些与现实相符的现象令人安心，它们告诉我们，模型是可信的。但为了让这种模型更加稳固，现在就该把它逼入死角。我们现在面对的就是第三阶段，这或许是最为棘手的一个阶段：回归现实。

在过去，很多伟大的智者曾设想出非常优雅的理论，但这些理论却被证明是不够确切的。因此，开普勒尽管拥有出色的直觉，却不知道如何把这些直觉正确地转换为数学。在 1596 年出版的著作《宇宙的奥秘》（*Mysterium Cosmographicum*）中，他曾想象行星到太阳的距离会构成五个完美的柏拉图立体 ① （图 2.15）。这一想象很美，却是错误的。尽管开普勒已经尽力，但他的模型从未能与天文学的测量值相匹配。

现实的回应可能会是相反的，人们要做好面对困难的准备。世界可能会说 "不"。理论对世界的粗略描述是不够的，它必须尽可能忠实地融入现实中。月球绕地球一周需要 27 天。如果经过计算，你的理论认为月球绕地球一周需要 35 天，那么你的理论就是错的。你必须对这个理论进行加工，如果无法加工，那就放弃它。事实胜于雄辩。你的理论可以富丽堂皇，满是强大而令人信服的论据，处处可见华丽的数

---

① 这五个立体分别是正四面体、正六面体、正八面体、正十二面体和正二十面体。这些是仅有的完全规则的多面体。柏拉图已经用它们描述过宇宙的形状和四种元素（水、气、火和土）。

学证明，但如果现实说了"不"，那就是"不"。

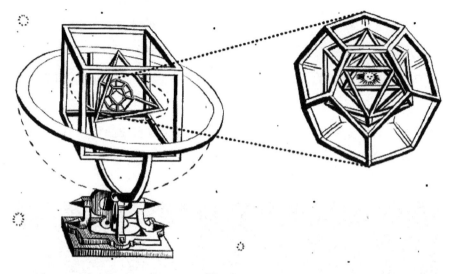

图　2.15

在 17 世纪初，伽利略在比萨斜塔进行了一系列关于物体自由下落的实验。1604 年，这些实验让他发现了匀加速运动的定律。一个落体的下落速度会以以下方式越来越快：一秒后，落体的速度达到了 10 米 / 秒；两秒后达到 20 米 / 秒；三秒后达到 30 米 / 秒，依此类推，直到落体撞到地面。这个每秒 10 米的速度[①] 通常记为 g，经常被用作加速度的度量单位。一辆赛车能够在一秒内达到 40 米 / 秒（也就是 144 千米 / 时）的速度，其加速度为 $4g$。

有了牛顿的理论，就可以重复比萨斜塔的实验了，只不过是从数学世界的角度。奇迹出现了——行得通！《原理》中的计算得出了相同的结果。落体的速度每秒增加 10 米。牛顿"制造"的自由落体与伽利

---

① 更确切地说，是 9.807 米 / 秒，尽管这个数值会根据我们在地球上所处的位置而略有不同。

略观察到的真实自由落体分毫不差。第一次有效性验证结果：成功。

这一理论在地球上得到了证实，接下来应该到天空中去了。

在《新天文学》中，开普勒还关注了行星的轨迹，发现了一件惊人的事情。和所有人在此前所认为的相反，这些行星的轨道并不是圆形的，而是椭圆形的，也就是一种或多或少被压扁的圆环（图 2.16）。一方面，对于行星而言，这些椭圆形轨道被压扁的程度很轻，这就解释了为什么只要测量的精准度不够，它们就会被当成圆环。另一方面，对于彗星而言，这些椭圆形轨道则被拉伸得很长。

图　2.16

牛顿的理论让精确计算行星轨道的形状成为可能。那么猜猜看，那会是什么形状？椭圆形！还有更妙的：无论在形状上，还是在行进速度上，它们都是与观察结果完美契合的椭圆形。例如，彗星在距离太阳近的时候，速度要比距离太阳远的时候更快。天文学家已经在天空中观察到了这个现象。通过计算，牛顿在自己的笔尖下看到了这个现象。

原谅我一再强调，但想要领略牛顿理论的所有伟大之处，就必须意识到他的预测有多么精准。随着测量工具和技术的进步，并借助纳皮尔"刚刚"发明的对数，17世纪的天文学家能够以一弧秒的精确度定位某些天体。也就是说，这些天体在天空中位置的误差范围要小于15米外一根头发的粗细！而《原理》中的计算就达到了这种准确度。如果牛顿说在某一天的某个时间，火星将会位于天空的某个位置，那么天文学家们在牛顿所说的那一天的那个时间把他们的仪器指向牛顿所说的那个位置，就会看到那个红色的星球，而且它的实际位置与理论预测的位置之间不会出现任何可测的误差！

这就是引力理论。

1781年，天文学家威廉·赫歇尔（William Herschel）在天空中发现了一个未知的天体。但这个物体因为太远而模糊不清，赫歇尔甚至无法自行确定那是一片星云还是一颗彗星。于是，他把自己的发现通报给其他天文学会，然后这些学会开始研究这个新天体和它的轨迹。但天文学会的计算行不通。根据牛顿的理论，这个物体既不是彗星，也不是星云。它更不是一颗恒星。

我们的天文学家想到了另一种可能：那会不会是一颗行星呢？这一次，计算行得通了。这个物体沿着一条几近圆形的椭圆形轨道绕着太阳运动。天文学界沸腾了。到那时为止，已知的六颗行星都是肉眼可见的，而且总能观察得到。科学第一次发现了一颗新的行星——第七颗。它被命名为天王星。

但这个故事还没完。世界各地的天文学家都把望远镜瞄向了天王星，进行了更为精准的测量。然后他们发现，与之前得到的结果相反，天王星的轨迹并不完全与数学预测相符。其实际的轨迹与理论上的轨迹略有偏差。这种差异没有大到足以让人去质疑它行星的身份，却足以让人感到不安。要是牛顿的理论抵达了它的极限，该怎么办呢？要是这一理论就像之前的系统那样只是"相对准确"的，而且是时候重新审视它了，该怎么办呢？

天王星轨迹的偏差引发了很多论战，很多天文学家无法接受牛顿理论的崩塌。一个新的假设出现了：要是测量到的偏差是由（仍然未知的）第八颗行星引起的，而且这第八颗行星通过自身的引力改变了天王星的轨迹呢？在巴黎天文台，天文学家于尔班·勒威耶（Urbain Le Verrier）对此坚信不疑，并着手计算这颗可能存在的行星的位置。1846年8月，他把计算结果提交给法国科学院，但院士们对他的结果并没有表现出太大的热情，也没有对他予以太多的关注。于是，勒威耶决定把计算结果寄给他在德国的一位熟人——柏林天文台的天文学家约翰·伽勒（Johann Galle）。伽勒在 1846 年 9 月 23 日收到勒威耶的信函。当天晚上，伽勒就把望远镜对准了勒威耶告知的方向。午夜过后几分钟，伽勒看到了海王星。

这就是引力理论。

地球的形状

如果回到我们关于海拔的讨论，引力还将产生一种尤为有趣的结果。牛顿就是通过这一结果发现地球不是正圆的。

我们的星球每 24 小时自转一周，但赤道上的点比两极的点离地轴更远，前者的旋转速度更快，并在某种程度上在被向外抛。这有点儿像你在驾车急转弯时，自己好像被抛到相反方向一样。这种现象可以通过《原理》中的方程完美地加以解释和计算，并由此得出一个奇异的结果：地球应该在赤道位置微微隆起，而在两极位置稍扁。

这种变形很轻微，在牛顿的那个年代，还不存在任何精确到足以发觉这一现象的地图。牛顿理论预测的极半径和赤道半径之间的差异仅为 0.4%。也就是说，赤道和地心的距离应该比两极和地心的距离远大约 20 千米。

有了预测，就必须对它加以确认。那么，就让我们去测量一下地球的曲率吧！

尽管牛顿的思想绝妙无比，但其传播过程却并非一帆风顺，因此，测量地球曲率的挑战就显得尤为重要。并不是每一个人都会在初次接触牛顿思想的时候就接受它，而当年既有的理论在《原理》问世近一个世纪后仍然难以被撼动。我们应该对那些诋毁引力的学者保持宽容。事后对失败者进行评判，总是很容易，但针锋相对的论战绝对是知识进步的必要条件。在几个世纪中，亚里士多德的错误理论在丝毫没有受到质疑的情况下被教授和传播，这等于浪费了大量的时间。科学的进步总会伴随着令人扫兴的事情。如果一种理论能够抵御对它最为致命的攻击，那么这些攻击也会变为成就这一理论的主要推手。

尤其是在法国，笛卡儿在牛顿之前就发展出一种理论，按照他的理论，太阳系会是一个巨大的以太涡旋，行星运动是在这个涡旋中被带动起来的。支持这一理论的人还认为地球不是正圆形，而是另一种形状。在他们看来，地球两极尖尖，并在赤道收拢，就像我们拿在手中搓揉的一个面团。解决争议只有一个办法：去测量。18 世纪 30 年代，巴黎科学院决定组建两支制图探险队。

第一支探险队负责测量赤道。1735 年，这支队伍从拉罗谢尔（La Rochelle）出发奔赴秘鲁，成员是三名院士：皮埃尔·布给（Pierre Bouguer）、夏尔·德·拉·孔达米纳（Charles de La Condamine）和路易·戈丹（Louis Godin）。在他们出发时，人们并没有计划其他的探险。但此行路途遥远，而科学家们都急不可耐想知道结果，巴黎科学院遂决定于次年组织第二支探险队奔赴拉普兰。这支队伍由四名院士组成：牛顿的坚定支持者皮埃尔 – 路易·德·莫佩尔蒂（Pierre-Louis de Maupertuis），他坚信应该尽快消除对地球形状的怀疑，以及亚力克西·克莱罗（Alexis Clairaut）、夏尔·加缪（Charles Camus）和皮埃尔·勒莫尼耶（Pierre Le Monnier）。

在抵达目的地时，还没有发明温度计的安德斯·摄尔修斯也加入队伍并提供协助，他发现自己对法国探险队的工作非常感兴趣，并在现场为他们的工作提供了便利。在拉普兰的任务进展得很顺利，探险队于次年返回法国。获得的结果没有争议。是的，地球在两极是扁的。尽管前往秘鲁的探险队还未公布调查结果，但已有的测量结果是不容置疑的。笛卡儿的涡旋应该被弃之不用，引力得到了验证。

至于秘鲁的任务，说得委婉些，它并没有真正按照预先的计划进行。安第斯山脉并不是地理调查的理想场所，探险队必须攀上一座座高山的顶峰，忍受当地频繁发生的暴风雨和地震，在现场请人制作科学仪器并反复进行相同的测量。此外，还得应付某些人群的敌意、地方当局施加的压力和资金短缺的问题，这迫使拉·孔达米纳不得不在开展考察工作的同时进行黄金交易。另外，在刚刚开始测量的时候，院士们收到一封来自巴黎的信，信中告知了拉普兰任务的成功，浇灭了他们成为地球形状发现者的希望。他们的测量结果将不过是一种确认。

有几名探险队员再也没有回去，他们遭受了疾病、意外或谋杀。三名院士回到了法国，但他们都很生气，而且每个人都有自己的理由。布给和拉·孔达米纳在1744年最先回国，此时距出发时已经过去了九年！与他们同行的植物学家约瑟夫·德·朱西厄（Joseph de Jussieu）在1771年最后返回，当时已是半疯状态，而且丢失了所有的科学工作成果。

尽管经历了这么多挫折和这么些年的漂泊，但科学在赤道找到了自己的道路。科学家们通过坚持不懈的艰苦努力，成功地完成了任务。最早返回的布给把结果提交给科学院，科学的验证即将到来。在秘鲁，需要行进110 598米才能在地表转过1°。在拉普兰，根据莫佩尔蒂的测量结果，则需要行进111 947米。换言之，后者之所以需要走更长的距离才能转过同样的角度，是因为地表的旋转速度在拉普兰要比在秘鲁慢。地球在两极附近更扁，在赤道位置更鼓。

借助现代的技术手段，我们现在已经知道，秘鲁探险队测量到的实际弧长是110 574米！在布给的测量和计算中，在安第斯山脉正中位置超过110千米的距离上只差了24米，也就是说，误差仅为0.02%。

尽管引力理论现在已经得到了广泛的证实，但还差一次一锤定音的验证。牛顿曾说，万物落在万物之上，一刻不停。然而，尽管这一原理已经通过天体的相互吸引得到了上千次的验证，却从未在较小物体的测量中得到过验证。由于物体越轻，引力越弱，因此当时还无法进行相关的实验。是否有可能对不是行星、卫星或恒星的物体的吸引力进行检测呢？

在欧洲，科学家本该考虑测量山脉的吸引力。可惜啊，庞大如阿尔卑斯山脉都"小"到无法和整个地球的引力抗衡。但安第斯山脉和阿尔卑斯山脉不同。

1738 年，皮埃尔·布给在首次登陆秘鲁时写了一篇题为《关于吸引力及如何观察山脉是否具有吸引力》（"Mémoire sur les attractions et sur la manière d'observer si les montagnes en sont capables"）的论文。在安第斯山脉的腹地，这位法国院士感佩眼前这座高山怎会如此巨大，于是心中升起了直接测定其引力的希望。这一实验必须做得细致。布给估计这座山大约是整个地球重量的 70 亿分之一。在一根绳索的一端挂一个摆锤，这个摆锤应该和垂直方向形成一个极小的夹角，即便是用布给手中可用的仪器，也可以测量得到。

布给小心翼翼地进行着他的实验。摆锤悬挂在绳索的一端，测量到了夹角，由此获得验证：摆锤朝山峰倾斜，仿佛受到了它的吸引。引力形成的夹角小之又小，几乎不到百分之三度，用肉眼绝对无法看到，但是，布给设法用他的仪器测量到了这个夹角。牛顿再一次说对了。布给将把拉普兰探险队未能抢在他之前得到的一种前所未有的实验结果带回巴黎。

自那以后，再没有人可以怀疑引力了。

人类划定的边界比自然的法则更容易改变。帮助皮埃尔·布给完成实验的高山如今已不属于秘鲁，而是在厄瓜多尔。它那笨重、凹凸不平的圆锥形山体仍然突兀地耸立在安第斯高原的地平线上，从海拔6263 米的高处俯瞰着这个国家。世界各地的登山爱好者纷纷前来这里对它发起挑战，小羊驼安静地在山上吃草，而一些天文学家有时也会来到此地，凝望着这座高山，陷入沉思。

引力，通过改变地球的形状，让钦博拉索火山成了顶峰之王。而钦博拉索火山以其巨大的质量奏响了引力的凯旋之歌。这是一种理论和一座高山之间奇异的"礼尚往来"。

有时候，就像绕着地球的月球，一些问题似乎在轨道上绕着它们的答案，却永远无法抵达。于是，地球形状的确认将令"下方在哪里"的问题重新浮出水面。如果地球是正圆形，其下方就位于地心，但地球不是正圆形，因此我们需要做出调整。

就像钦博拉索火山让布给的摆锤朝它偏转一样，赤道的隆起也扰乱了垂线。如果你在地球上任意一点挂起一个摆锤，那么摆锤的方向不会直指地心，而是会微微向赤道倾斜。因此，根据你所在的位置，下方不一定总是指向同一个点。

将地球的扁率夸大，这一现象看起来就会像图 2.17 中的样子。

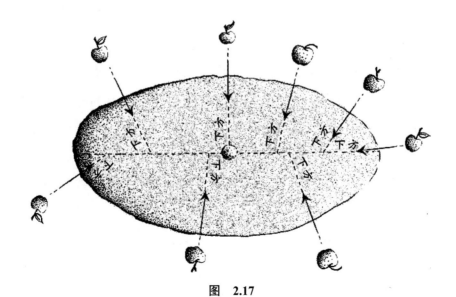

图　2.17

这一微妙的细节并不出奇，而且无关紧要：实际上，地球几乎是正圆形的，与垂线的偏离很小。但是，这种微小的偏离却会产生令人意想不到且倍感困惑的影响。因为下方倒转了过来，所以在某些情况下，方向有可能一边向下，一边远离地心。

美国的密西西比河就具有这种奇异的特性。其源头位于明尼苏达州伊塔斯加公园，这里距离地心要比河流位于墨西哥湾的入海口距离地心近 5 千米。这条河流似乎是向上流淌的！但这只是一种错觉，如果我们以海平面为参照，情况就会恢复原状：密西西比河源头的海拔是450 米，而入海口的海拔则是 0 米。这条河的确是在向下流淌，但在向南流时，它靠向赤道，因此也就渐渐远离了地心。

珠穆朗玛峰和钦博拉索火山也存在这种自相矛盾的现象。后者离地心最远，但是，如果我们在两座山峰之间修建一条巨型水渠，那么水渠里的水就会从尼泊尔流向赤道（图 2.18）。如果下方位于地心，那么这种现象就完全不可能出现。

朝下的方向在每个地方都是各个侧边所受吸引力的折中结果。这些吸引力包括地球的引力、山脉的引力，以及周围所有物体在较小程度上对下方所产生的引力。就连月球也参与其中。尽管月球的影响很小，但根据月球在东还是在西，地球上的摆锤不会指向完全相同的方向。因此，下方甚至不是固定的，而围绕地球旋转的月球会以无法察觉的方式在方向上发生波动。而正是这种方向的改变导致了潮汐。

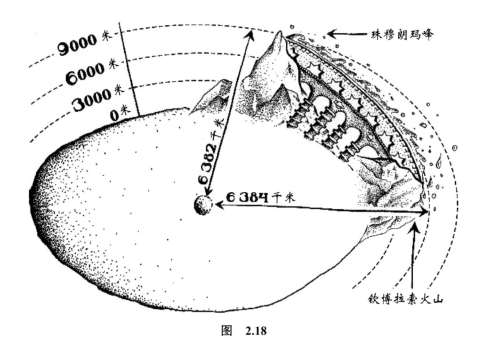

图　2.18

　　如果让月球的引力消失几天，世界上的海洋就会变得平稳，很快也不会再有潮汐。所有的海平面都既不会上升，也不会下降。世界上的水域将最终获得安然的休憩。如果月球引力突然之间重启了，会发生什么呢？朝下的方向会发生小小的改变，而处于平稳状态的水面则会突然发生倾斜。于是，水就会开始向下流动，就像河流那样。

　　潮汐不过是另一种流水。我们通常会说，潮汐是由月球引力的牵曳引起的，这么说没错。但说得更确切些，是月球通过不断改变朝下的方向，才让潮汐之水不断流动。这就像楼梯的视错觉图，它会让人觉得台阶只向下走，但事实上，台阶是在绕着一个点转圈。每天涨潮两次是一种错误的说法。海洋只朝着不断躲开它的"下方"落去，追随着月球永不停息的下落。

第 三 章

无限的曲折

关于边境的长度

"拉拉亚"（La Raya）——西班牙和葡萄牙之间的陆地边境线，是世界上最古老的边境线之一。尽管经历了数百年的冲突、追讨和互不相让，但这条边境目前的路线几乎和 1297 年 9 月 12 日签订的《阿尔卡尼塞斯条约》中葡萄牙国王和卡斯蒂利亚国王认可的边境路线一模一样。

这条边境线从半岛的西侧出发，沿着米尼奥河上行数十千米，然后向右转至特隆科索河。从河流到古老的小径，边境线在伊比利亚的乡间蜿蜒穿行，时不时经过几个长满苔藓的古老界标。很快，边境线朝南转去，把偏居一角的葡萄牙框在它那皱巴巴的矩形里。这条数百千米长的边境线左摇右摆，折起又展开，蜷曲缠绕，直到一路与它相伴至加的斯湾的瓜迪亚纳河的河床。这条边境的路线是两国在 1815 年签订《维也纳条约》时正式划定的，双方对此至今都没有争议。

但是，这条边境线引发了一个令人震惊的问题。尽管它年代久远，而且官方协议对它进行了精确的划定，但地理学家似乎一直无法就其长度达成共识。"拉拉亚"到底有多长？在各种百科全书和参考文献中，我们会看到不同的测量值，短至 914 千米，长至 1292 千米，也就是说，长度差异超过 30%。

差异如此之大，绝对让人无法接受！约两百年前，布给和拉·孔达米纳在秘鲁测得的子午线长度，误差只有 0.02%。在 21 世纪的欧洲，在一片远比安第斯山脉更容易丈量的土地上，人们还手握更现代、更精准的仪器，测量结果的差异怎么会比两位院士的测量结果的误差高了 1500 倍呢?

这个问题远非孤例。世界上几乎所有的边境线以及所有沿海地区的海岸线,在丈量长度的时候似乎都遭遇了让人无法理解的疏忽。收录了地球上海岸线长度的主要来源有两个:第一个是《世界概况》(*World Factbook*),这是一份由美国中央情报局(CIA)出版的资料;第二个是美国的一家环境组织,即世界资源研究所(World Resources Institute, WRI)。这两家机构都拥有精确度很高的技术手段,其测量工作的可靠性毋庸置疑。但是,对于收录的近两百个国家的数据,这两家机构似乎无法通过相同的测量方法得到相同的结果。

《世界概况》中测得的加拿大海岸线的长度是 202 080 千米,而世界资源研究所测得的长度则是 265 523 千米。两个测量值之间相差了60 000 多千米! 长度差异再一次超过了 30%。而地球上几乎所有的海岸线都遇到了类似的情况(图 3.1)。

	《世界概况》	世界资源研究所
加拿大	202080 千米	265523 千米
日本	29751 千米	29020 千米
希腊	13676 千米	15147 千米
马达加斯加	4828 千米	9935 千米
新西兰	15134 千米	17209 千米

图　3.1

这样的差异实在让人无法理解。人类是遗失了什么古老的技艺,才会在地理测量上突然变得如此糟糕呢? 布给和拉·孔达米纳的幽灵似乎在悄悄地嘲笑我们。

　　为了洗刷现代地形学家的耻辱，找出造成这些差异的原因，我们需要一个可以解释无法解释之事的人带着创造性和启发性参与进来。那是在英格兰北部的纽卡斯尔，1881 年，一个名叫刘易斯·弗赖伊·理查森（Lewis Fry Richardson）的人出生了，他的头脑冷静而多产。理查森一生都专注于物理学、数学和心理学的研究。此外，他还是研制雷达和预报天气的先驱之一。他也是一名坚定的和平主义者，他的政治理念将对他的职业生涯和研究产生重大的影响。

　　在第一次世界大战期间，理查森作为"良心拒服兵役者"而被免除了兵役，但这并没有妨碍他在法国为一支救护车队服务了三年。返回英国后，他重新回到英国气象局，但气象局在 1920 年成为英国皇家空军的附属机构，于是他辞职了。他还放弃了自己的好几项研究工作并摧毁了研究成果，因为他担心这些成果被用于军事目的。

　　奇怪的因果环环相套：理查森决定施展自己的科学才能去研究他想要对抗的东西——战争本身。从 20 世纪 30 年代开始，他发表了大量关于战时心理学、军备竞赛和武装冲突的数学机制的文章。而正是在其中一项研究里，这位英国学者发现自己碰到了一个意想不到的问题，几乎出于偶然，他打开了通往最美数学理论之一的突破口。

　　这位英国数学家注意到，交战国的共同边境越长，发生战争的倾向就越大。为了精准地研究这一统计学上的关联，他开始收集世界上不同国家边境长度的地理数据，并意识到自己找到的这些测量值大为不同。尤其，他还惊异地发现，西班牙和葡萄牙在两国的共同边境长度上并没有达成一致。西班牙称这一长度是 987 千米，而葡萄牙则说是 1214 千米。

这引起了理查森的好奇，他开始对此进行调查，并最终明白了导致分歧的原因。理查森在 1951 年撰写了一篇文章，但这篇文章在十年后才得以发表，那时他已去世。他的分析结论绝对称得上让人大开眼界：边境线没有长度。或者说得更确切些，对一条边境线唯一且客观的定义是不存在的。

我们可能已经对这些情况习以为常，但它们却从未真正地在我们的意料之中。加法和乘法的情况我们已经知道了，海拔也不再是个问题。可边境线会有什么非同寻常之处呢？

1967 年，数学家本华·曼德博（Benoît Mandelbrot）在一篇被后人赋予了传奇色彩的文章《英国的海岸线有多长？》（"How Long Is the Coast of Britain?"）中采用、丰富并完善了理查森的结论。曼德博解释，问题的关键在于边境线和海岸线的形状如此不规则，以至于无法弄清应该从哪一头开始测量。这些边境和海岸线弯弯曲曲，绕来绕去，折起、断开又蜷缩。没有哪个部分是呈一条直线的。

为了获得最准确的结果，我们是否应该不辞劳苦地对海岸线每一次几十千米的迂回都进行测量呢？我们是应该严格遵循这些迂回的形状，还是可以把它们切成直线呢？还有，应该如何处理那些长度只有几米的起起伏伏呢？那长度小于 1 米的岩石又该怎么办呢？当然，从绝对的意义上来说，我们应该尽可能准确地去测量，但很有必要在某种程度上就此打住。沿着每一粒沙子的轮廓去测量，是无法做到的。以毫米的精度去测量海岸线的长度，是毫无意义的。但在这种情况下，该如何界定呢？

为了避开这些问题，你可能会希望细节不会对测量产生太大的影响。在谈论数百千米的海岸线时，小于 10 厘米的迂回似乎可以忽略不计，但这就等于忽略了它们的数量。这样的细节比比皆是。假定英国的海岸线上有一百万个 10 厘米的小小迂回，那么它们累加起来的长度就是 100 千米！对它们忽略不计会造成测量上的巨大误差。

这就是问题的核心所在：细节越小，其数量就越多，而它们的累计长度值却绝不会小。

曼德博的结论毋庸置疑，我们越是精确地测量英国的海岸线，其长度就会越长。添加越来越小的细节只会令测量值无限度地增加（图 3.2）。如果我们不想做出任何让步，那么这个问题的唯一答案就是：英国的海岸线无限长。

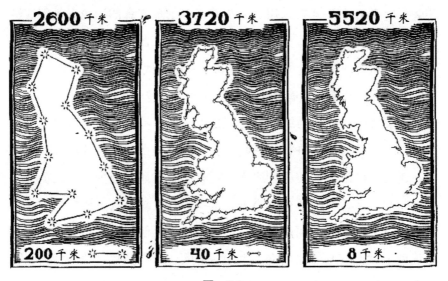

图　3.2

这个现象在今天被称为理查森效应，或是更常说的海岸线悖论。

当一根自然线条沿着大自然划定的路线，比如河流、山脊或悬崖蜿蜒而行的时候，这条线就会产生理查森效应。英国的海岸线、西班牙和葡萄牙的国界线"拉拉亚"，以及世界上大多数的海岸线和边境线都属于这种情况。它们的长度全都无限长。相反，从北极到南极覆盖整个地球的子午线则呈直线，其长度精确无虞。这就是为什么布给和拉·孔达米纳在当时的条件下能够在秘鲁获得如此精准的测量值。

了解到海岸线和边境线的长度是无限长的只是第一步。但是，如果你观察一张地图，你会清楚地看到一些海岸线比另一些更长。断然宣布所有的长度都是无限的，然后就此止步，这不会令人感到满意。这种说法只能告诉我们一件事：我们没有使用正确的数学方法。用测量直线的方法去测量崎岖的海岸线并不恰当。好了，既然我们现在摆脱了一种无效的方法，那么剩下的就是去创造一种新的方法——一种更合适、更符合实际的方法。

在科研生涯中，本华·曼德博的大部分时间专注于研究符合海岸线悖论的形状，也就是那些轮廓尺寸不一且极为零碎的几何形状。你想把这些形状放大多少倍都可以，它们永远不会有光滑、笔直的轮廓线。在理查森指出的奇怪现象之上，曼德博创建了一种全新的理论，而很多年轻的数学家都将追随后者的脚步。

1974 年，也就是在他关于英国海岸线的文章发表七年后，曼德博认为是时候发明一个词语来指称这些既如此美丽又如此神秘的形状了。他把它们称为"分形"。

我们刚刚开启了一段新的旅程。为了揭晓分形的奥秘，并通过这些奥秘揭晓海岸线的奥秘，我们现在需要深入研究一个最让人着迷，也最令人困惑的数学概念之一：无穷大。

巨大和无穷大

2007 年 9 月 14 日，居住在亚拉巴马州的 31 岁美国人杰里米·哈珀（Jeremy Harper）入选《吉尼斯世界纪录大全》，因为他是第一个一次性从 1 数到 100 万的人。他在互联网上直播了自己从 2007 年 6 月 18 日开始的数数过程。在 89 天里，哈珀待在家中，在几平方米大的起居室里来回踱步，以一种几乎是唱念的方式不知疲倦地数着连绵不绝的一个个整数。

似乎没有人会在某天决定花时间从 1 数到 1000 万。这么做所需的时间要比哈珀所用的时间大约长 10 倍，相当于在两年半里，白天除了数数什么都不做。想要数到一亿，就需要 25 年；想要数到十亿，就需要两个半世纪。当然，这一切的前提条件是挑战者能够保持与哈珀一样的数数进度，也就是每天用 16 个小时去数数。

这些 1 后面跟着一串 0 的整数按照乘法一级级递增，因而每打破一次纪录都会比上一次难上 10 倍。我们把这些数称为 10 的次方。一百万，1 000 000，写成 10^6（读作十的六次方），因为它有 6 个零；十亿，1 000 000 000，有 9 个零，写成 10^9（读作十的九次方），依此类推。依照 10 的次方这个长长的列表得到的数如此巨大，以至于我们的大脑很快就无法以正确的方式去想象它们了。

杰里米·哈珀在创下纪录的时候年龄约为 10 亿秒，也就是 31 岁。构成人体的细胞约有一百万亿个，也就是 10^{14} 个。世界上所有的海洋里有 30 尧滴水，也就是 3×10^{25} 滴。组成太阳的原子数量是 1 后面跟着 57 个零，也就是 10^{57}。而从地球上可以看到的整个宇宙，再加上所有遥远的星星和星系，它们所包含的基本粒子的数量估计约为 1 后面跟着 80 个零，也就是 10^{80}！

只有 10^{80} 吗？在那些还不习惯 10 的次方式指数增长的人眼中，这个数字似乎并没有那么大。这种印象主要是由我们思维中加法量级和乘法量级之间的差异造成的。尽管 10^{80} 的写法很简洁，但这个数非常巨大。

在所有掌握先进数学知识的文明中，古印度人很早就和大数建立了一种特殊的关系。从公元前 3 世纪开始，并在此后的一千年中，几代学者都参与到"谁的大数更大"的疯狂竞赛中。竞赛不断升级，而参与者的动机不仅仅是科学的，也是诗意的和宗教的。学者们出于游戏和挑战发明出大数，为的是给人一种头晕目眩的感觉，以及尝试接近超越我们认知的事物。

在《普曜经》（*Lalitavistara Sutra*）——一部讲述佛陀伟业的 3 世纪佛教典籍中，我们会看到一个名叫"paduma"的数，它等于 10^{29}，用来计算山中沙粒的数量。我们还会看到"kâtha"和"asankhya"，前者用来计算星星的数量，后者用来计算全世界一万年间落下的雨滴的数量。有一天，佛陀见到了算术家阿周那（Arjuna），他向阿周那详细解释了巨大乘法量级的运作方式。从等于一千万的"koti"开始，佛陀展开了一个数字环，环上的每个数都是前一个的 100 倍：100 个"koti"叫作"ayuta"，100 个"ayuta"叫作"niyuta"，100 个"niyuta"叫作"kankara"，依此类推。连绵不绝的数字持续了数十行，一直达到令人

眼花缭乱的 10^{421}，佛陀说这个数可以用来计算最细小原子的微粒，这就是"paramânus"。

3 世纪的古印度学者已经在考虑有关宇宙中基本粒子的数量问题了，这实在让人惊讶，而更让人惊讶的是，他们计数的错误之处并不在于数量上不够，而是在于数量上过多。我们今天所知道的 10^{80}，在数量上和佛陀的"paramânus"相比，绝对是小之又小。

古印度人并不是唯一热衷于大数的人。尽管他们或许是最擅长把玩大数的人，但是，我们在中国和古希腊文化中也可以找到不断推高 10 的次方的大数。然而，必须承认，这种对大数的追寻如果和宗教或哲学探索无关的话，那么就没有多少数学家会对它感兴趣。你可以沉醉在这些数的宏大之中，并在面对它们的巨量时假意瑟瑟发抖，但除此之外，这些数几乎没有什么实际用途。从文艺复兴时期开始，欧洲的学者似乎对大数毫不关心，直到 20 世纪，大数的竞赛才真正再次兴起。

1940 年，数学家爱德华·卡斯纳（Edward Kasner）和詹姆斯·纽曼（James Newman）出版了一本名为《数学与想象》（*Mathematics and the Imagination*）的书，他们在书中讨论了一个巨大无比的数——10^{100}。1 个"一"后面跟着 100 个"零"的数。

10 000 000 000 000 000 000 000 000 000 000 000 000 000 000 000 000 000 000 000 000 000 000 000 000 000 000 000 000 000 000 000

尽管这个数仍然比佛陀的那些数要小，但它已经超出了我们的想象。现在想想十亿个奥运会游泳池里水滴的数量。想象一下，这些游泳池里的每一滴水都是一个完整的宇宙。10^{100} 对应所有这些宇宙加在一起所包含的基本微粒的数量！卡斯纳决定把这个数叫作"古戈尔"（googol）。这个词是他 9 岁的外甥创造出来的，后来成了企业家谢尔盖·布林（Sergey Brin）和拉里·佩奇（Larry Page）的灵感之源。当年，两人创建了一个用于信息搜索的网站，也就是后来的谷歌（Google）。

在《数学与想象》中，卡斯纳和纽曼又推进了一步，创造出另一个被他们称为"古戈尔普勒克斯"（googolplex）的数，相当于 10^{googol}，也就是 1 后面跟着古戈尔个 0！因此，古戈尔普勒克斯表示的数量比宇宙中基本微粒的数量还要多。这一次，佛陀被超越了，这个数的值绝对超出了我们所有的想象。如果有一本硕大无朋的书，书页的大小和可见宇宙一样大 ①，但书中文字并不比你眼前的这些文字更大，那么这本书还是写不下古戈尔普勒克斯的完整位数的。注意：我们在此谈论的不是这个数的值，而只是写下这个数所需的空间。就像十亿（1 000 000 000）需要写下 10 个数字一样，写完一个古戈尔普勒克斯所需的空间超过了一个宇宙的大小！

在日常用语中，"无穷大"和"非常大"常常会被混为一谈。老实说，当你跟人聊天并听到"无穷大"这个词时，我敢打赌，它是被过度使用了，应该用诸如"巨大"或"超级大"这类更适度的形容词来替代它。在这一点上，古印度的学者们自己就表述得并不十分清楚。他们使用的词语"asamkhyeya"，字面意思是"无法计算的"或"无穷大的"，但在 10 的次方的量级中，这个词相当于……10^{140}！

卡斯纳和纽曼的古戈尔普勒克斯如此之大，让人忍不住将它称为无穷大。说实话，如果你试着集中精力去想某个无穷大的东西，那么

---

① 也就是将近一尧（10^{24}）公里。

可以肯定，你脑海中所描绘的那个东西要远远小于古戈尔普勒克斯。我们的大脑还没有做好准备去接受如此巨大的数量，这就是为什么我们必须警惕自己的直觉，并把自己的信任交托给推理和数学。

在公元前 3 世纪的西西里岛，一位名叫阿基米德的数学家已经断言，必须对"无穷大"和"非常大"做出区分。他在一部名为《数沙者》（*The Sand Reckoner*）的论著中解释说，和他的很多同代人所认为的相反，地球上沙粒的数量并不是一个无穷大的数。这位古希腊学者详细地描述了 10 的次方量级的构成，并表明，如果用沙粒将整个地球填满，那么地球所包含沙粒的数量是不会超过 10^{63} 的。当然了，阿基米德的计算并不精确，因为他对宇宙真实维度的了解是有限的。但是，不管结果够不够精确，最重要的是他的结论：沙粒的数量非常大，但不是无穷大！

即使是在今天，我们周围仍然存在很多可能会被认为是无穷大的事物，但事实并非如此。就以文学为例。我们很容易认为，作家的想象力可以到达一个无穷大的探索领域。但想想，作家能够在一本书中讲述所有故事，但只有其中很小一部分被写了出来。一个面对空白纸页的作家是不受任何限制的，他／她可以按照自己的意愿创造出各种各样的世界，故事可以发生在过去、现在、未来，或现实之外的某个时间，这些故事也可以发生在任何国家、任何星球，或在某个纯粹虚构的地方，不受任何限制。可能性似乎完全是无穷大的。

但是，让我们换一个角度去看。任何图书都是由数量有限的字符组成的，这些字符属于某个由数量有限的字母构成的字母表。如果一位作者想要写一本有 600 000 个字符的书，那么每一个字符只可能是从 A 到 Z 的 26 个字母之一或标点符号，因此，这 600 000 个字符中的每个字符只有约五十种可能的选择。有了这两个数据，我们就有可能以数学的方式计算出产生不同图书的数量①。我们会得到 $10^{1\,019\,382}$。当然了，这一组合的数量非常之大，大到无法想象，但它并不是无穷大。

　　想象一座神话般的图书馆里收藏了所有这些书（图 3.3）。所有可能存在的图书都任人取用。书中包括所有已经写出来的故事、某天将会写出来的故事，以及永远不会写出来的故事。比如，我们会在其中找到阿加莎·克里斯蒂笔下的《波洛探案集》、弗兰克·本福特关于反常数定律的文章、将在十年后获得龚古尔文学奖的著作，甚至还有"阿基迷德"遗失著作的译本——在这座图书馆的书架上，我们还可以看到本书的修订版，里面改正了上述中"阿基米德"的错误写法。

　　即便是"600 000 个字符"这一任意范围也不一定就给出了限定。超出这个范围的著作不过是分成了若干卷，但在这座图书馆的书架上也可以找得到。比如牛顿的《原理》和夏特莱侯爵夫人翻译的法文版、《指环王》三部曲或倒过来写的七卷本《哈利·波特》。

　　重要的是，这座图书馆不仅收藏了具有含义的书，还有那些充满着一串串毫无意义的字符的书。比如一本只有 600 000 个一连串的"ZZZ ZZZ ZZZ ZZZ…"的书，或是用其他字符完全以随机方式写成的书，比如"FH WHAWH HVW SDUIDLWHPHQW DOHDWR LUH…"。老实说，这 $10^{1\,019\,382}$ 本书中的绝大部分是这样的书。如果从书架上随机抽出一本翻开，你很可能会看到如此这般一连串毫不相干的字符。这座图书馆收藏了具有含义的书，但数量很少。

　　数学虽然是确切的科学，但要接受一座并非无限的图书馆能够容

---

① 由各有 50 种选择的 600 000 个字符组成的文本数，计算结果为 $50^{600\,000} \approx 10^{1\,019\,382}$，相当于 1 后面跟了 1 019 382 个零。

图　3.3

纳所有可能存在的书，确实是一件非常复杂的事情。这种困难只有一个解释：数字 $10^{1\,019\,382}$ 确实非常非常之大，大到我们无法领会它的完整测度。它远远大于佛陀的所有数字，也远远大于卡斯纳和纽曼的古戈尔，因此，也远远大于我们宇宙中基本微粒的数量。而且，这一点表明，这座想象的图书馆在实际中是完全不可能存在的——只因为我们在整个宇宙中没有足够的材料来制作所有这些书籍！但需要注意的是，尽管 $10^{1\,019\,382}$ 看起来大得难以置信，但它比古戈尔普勒克斯要小得多！在数学的创造潜能面前，我们之前提到过的无穷大实际上是微不足道的。

这些计算直捣人心，它们就艺术创造的本质向我们发出了声声考问。撰写书籍究竟是发明还是发现？一个作家能否声称自己创造了什么？因为他／她出版的每一本书都不过是数学的抽象巨型图书馆中业已存在的某一本书的有形实现。

这一推理可以应用于所有的领域。想想看，比方说，你的计算机里的所有文件都是数。这些数并非无穷大，因为你的硬盘内存是某个数量的 GB。音乐、图像、电影和很多其他类型的文件，无论它们有多大，都无法被描述为无穷大。收藏了所有书籍的巨型图书馆不过是一个巨大的多媒体库，里面已经包含了人类可能创造的一切。

我们就以图像为例。数码相机就像你的眼睛，无法捕捉到无穷无尽的不同颜色和形状。数码相机受限于像素，人眼受限于视网膜中数量有限的感光细胞。诚然，在正常的一生中，一个人永远无法看到两次完全相同的事物，场景总会发生微小的变化。但如果你获得了永生，情况就会大不相同。你的眼睛可能看到的潜在图像的数量会是巨大的，

但仍是有限的，而当你达到了一个非常大的年龄时，你就注定只能看
到那些你已经见过的事物。

　　你听到、尝到、闻到甚至感觉到的所有事物都是如此。更迭不可
能是无限的，创意不可能是无限的。哦，当然了，在这种情况发生之
前，会经过一段无比漫长的时间，比你所能想象到的任何时间都要长。
这段时间如此之长，甚至自宇宙大爆炸之后流逝的 138 亿年和它比起
来都像是几分之一秒。这段时间如此漫长，但也不是无穷大。

无穷大与巧克力

　　想要把适用于大数的模式和推理应用于无穷大，是一个根本性的
错误。无穷大有着截然不同的本质，这就要求我们为它创造新的思维
方式。

　　想象一下，你发了疯似地计数到无穷大。你开始安静地计数，旁
边放着一个进度条，它显示出你从 0% 到 100% 的实时进度（图 3.4）。
无穷大由符号 ∞ 表示，这个符号是数学家约翰·沃利斯（John Wallis）
在 1655 年提出来的。

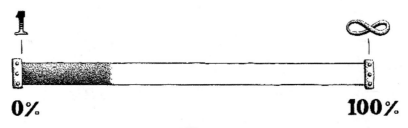

图　3.4

你觉得这个进度条会随着你的计数过程发生怎样的变化呢？比如说，在整整三个月后，你会打破杰里米·哈珀的纪录，这个进度条会是什么样子呢？这个问题很奇怪，答案也很奇怪。当你数到一百万的时候，这个进度条仍会显示令人失望的 0%。它怎么可能会是别的样子呢？因为和无穷大剩下要数的数量相比，你刚刚数完的一百万根本算不上什么。

无论你数到多大的数量，结果都一样。哪怕你数到十亿，数到古戈尔，数到"asamkhyeya"，甚至数到古戈尔普勒克斯，进度条依然会无情地停留在 0%！面对无穷大，数数没有任何意义。所有的数都很小。它们中的任何一个被单拎出来，对所有跟随其后的数来说都是微不足道的。

简而言之，在这个进度条上，所有的数都聚集在零的位置上（图 3.5）。在 0% 和 100% 之间绝对什么都没有。没有一个数会位于进度条的 1%、50% 和 95%。说到底，这是相当合乎逻辑的，因为无穷大的一半已经是无穷的了。如果你的进度条走到了一半，那么它实际上已经走到了终点。

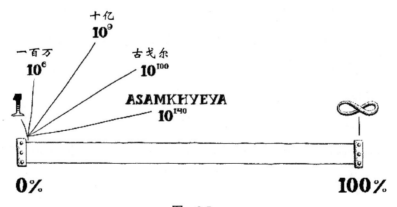

图　3.5

由这些思考得出的唯一合理结论是，进度条的表现形式完全不适用于这种情况。如果你的目标是数到一个非常大的数，哪怕数到古戈尔普勒克斯，那么你的进度条也会乖乖地从0%走到100%，遍历介于两者之间所有的数。但是，从"巨大"到"无穷大"的过渡标志着一种瞬间的突破，所有对"有限"行之有效的方法会突然变成逻辑上的灾难。像刚才这样的悖论会滚滚而来。你刚一开始思考无穷大，这些悖论就会毫无预兆地出现，并让你的常识和本能变得毫无用武之地。

纵观整个历史，很多学者都曾与无穷大狭路相逢，都曾遭遇阻碍，都曾选择了放弃。他们中的很多人说，这个怪兽太过离奇，说它既不是数学，也不是什么合理的思维，应该把它留在它自己的黑暗深渊中。它那超出一切控制的行为是让人无法接受的，而且似乎是无可救药的。

不幸的是，对于那些以为可以像忘记一场噩梦那样忘记无穷大的人来说，想要摆脱它可不是件容易的事。你把它从数论中驱逐出去，它又回到了几何中。你对几何视而不见，它又出现在代数里。对于那些害怕去思考无穷大的人，我们应当保持宽容，但今天，我们将无法容许自己这样使性子。如果我们想要继续前进，迎接自己发起的挑战，如果我们想要解开边境线的秘密和海岸线悖论，如果我们想要不断深入探索宇宙的机制，就不该惧怕横亘在前进道路上的悖论。直觉将经历几次暴风雨，但我们绝不能退缩。

但在这次冒险中，我们并非全然无助，我们会获得两个支持。第一个支持来自数学家，他们没有向无穷大这头怪兽缴械投降，而是设法一点一点地驯服了这头怪兽。第二个支持来自巧克力。

想象一下，你每天都会从一家巨型巧克力店的玻璃橱窗前经过，每每因为禁不住美食的诱惑而停下脚步。你每天在店里买两块巧克力，然后把它们带回家，但是你每次只吃一块，把另一块留下来。

渐渐地，你的橱柜里装满了所有买回来但还没有被吃掉的巧克力。更准确地说，你的库存每天增加一块。走进这家巧克力店的第一天，你储存起第一块巧克力。第二天，你储存起第二块，第三天，储存第三块，依此类推……一年之后，你的库存达到了 365 块！二十六年之后，你储存的巧克力不会少于 10 000 块！现在，让我们问一下自己这个问题：假设你能永远活下去，并无限期地储存下去，那么在抵达时间尽头的那一天，你储存的巧克力会有多少块呢？

好吧，这个问题问得很蠢。我们都知道，"时间的尽头"不具有任何意义。就算精确用词很重要——我们稍后会做这件事情——但我敢肯定，你的直觉会赋予这个问题某种意义，即便是含糊的意义。因为你的库存每天都会增加一块，所以在永恒的尽头（也就是无穷大日子的尽头），将你积攒的巧克力库存估计为一个无穷大的数量似乎是合乎逻辑的。

话虽如此，我们还是来做一些数学运算，并试着更严谨地证实这一点吧。为此，我们就从为你的巧克力编号开始。让我们把你第一天购买的巧克力编为 1 号和 2 号，把你第二天购买的巧克力编为 3 号和 4 号，依此类推（图 3.6）。

图　3.6

现在，我们来确认一下你的消耗量。假设你每天吃掉当天购买的两块巧克力中的第一块，那么，你在第一天吃掉了 1 号巧克力，然后在第二天吃掉了 3 号巧克力，在第三天吃掉了 5 号巧克力，依此类推（图 3.7）。

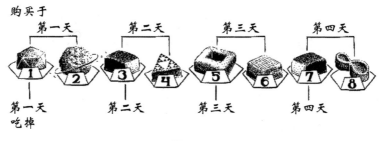

图　3.7

通过这种方式，我们可以看出，你日复一日吃掉的巧克力的编号都是奇数。编号为偶数的巧克力（2 号、4 号、6 号……）被储存在橱柜里，因而注定永远都不会被吃掉。

那么现在，我们就可以为问题设定一个更精准的含义了。我们想要知道抵达永恒尽头的那一天还剩下多少块巧克力，就等于想要知道会有多少块巧克力不会被吃掉。在这种情况下，答案就很简单了，那就是所有偶数巧克力的数量。而且由于偶数总数是一个无穷大的数量，因此到最后，你的库存巧克力会是一个无穷大的数量。

到目前为止，数学似乎增强了我们的直觉，而我们距离可以宣告自己了解到一些东西仅有一步之遥了。但我们必须保持谨慎，让我们再做一个思维实验。现在想象一下，你决定按照编号顺序吃掉巧克力，而不是每天吃掉当天购买的两块巧克力中的一块。这样一来，你就会在第一天吃掉 1 号巧克力，在第二天吃掉 2 号巧克力，在第三天吃掉 3 号巧克力，依此类推（图 3.8）。

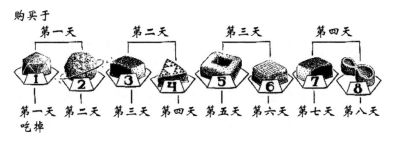

图　3.8

在以这种方式进行操作时，你会惊讶地发现，巧克力绝对会在某一天被全部吃光。100 号巧克力会在第一百天被吃掉，1 000 000 001 号巧克力会在第十亿零一天被吃掉，古戈尔普勒克斯号巧克力会在第古戈尔普勒克斯天被吃掉，依此类推。因此，我们会得到这样一个奇怪的结论：在永恒的尽头，你的库存会变空。你的橱柜里一块巧克力都不会剩下。

如果你是一个正常人，那么这个结果必定会让你感到错乱。每天都只增不减的库存怎么可能归零呢？况且，结果怎么会因为选择吃掉编号不同的巧克力就不一样了呢？我们面对的是一个真正的悖论。但我们必须承认，在第二种情况下，所有的巧克力最终都会被吃掉。在时间的尽头，你的橱柜里一块巧克力也不会剩下[①]。

就是在这一刻，我们会倾向于认为，无穷大的运作机制中毫无数学和逻辑可言。同样的计算根据不同的运算方式会得出不同的结果，这简直荒谬！就像很多伟大的学者那样，我们可能会想要放弃对无穷

① 发现这一悖论的人会提出一种常见的反对观点，那就是，在时间的尽头，所剩巧克力的数量会是无穷大。但你必须清楚，这些巧克力是不存在的。整体来看，存在无穷大数量的巧克力，但单个来看，每块巧克力都有一个有限且确定的数量。如果你认为在永恒的尽头会剩下巧克力，那么你就应该能够给出它们的数量。

大的思考。但现在需要的正是坚持不懈。

不管这听起来有多奇怪，但我们在上文中描述的计算并没有任何错误。如果你每天吃掉其中一块当天购买的巧克力，那么在永恒的尽头就会剩下无穷大数量的巧克力；而如果你按照顺序吃掉这些巧克力，那么一块巧克力都不会剩下。这个结果之所以会让我们感到震惊，是因为它违背了我们小时候在学校里学到的基本计算规则：一个运算的结果并不取决于被计算的对象。

巴比伦的书吏已经明白了这一点，而这就是他们数字系统的强大优势之一。如果我告诉你 5 − 2 = 3，你无须知道 5、2 和 3 的具体所指就能确定这个等式是正确的。如果你有五块巧克力，我从中拿走两块，那你那里肯定就会剩下三块。无论我拿走的是前两块、后两块还是任意两块，全都无关紧要，这对剩下三块这一结果不会产生任何影响。无论现实的情况如何，运算的结果都是不变的（图 3.9）。

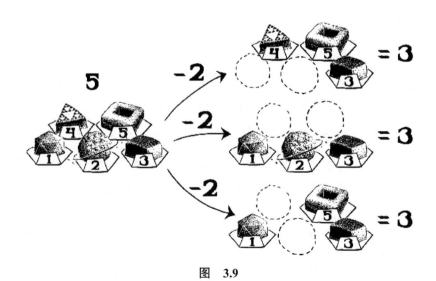

图　3.9

数的这种特性如此自然而明显，我们几乎连把它表述出来的兴趣都没有，更谈不上对此感到惊讶了。但是，当我们谈论无穷大时，这个特性就是错误的。一个运算的结果取决于你计算的对象和你选择添加或删除的特定元素！这个新规则无论多么反直觉，你都必须接受和消化它，这样才能理解无穷大。

让我们来尝试一个新的实验。你推开那家巧克力店的大门，橱窗里是任你选择的无穷大数量的编号巧克力：1 号、2 号、3 号，等等。然后，你决定购买无穷大数量的巧克力。在你离开之后，店里还会剩下多少巧克力？

就像前文中所说的，答案取决于你要选择的巧克力。如果你选择买走所有的巧克力，那么店里就一块巧克力都不会剩下。但是，如果你选择买走奇数编号的巧克力，那么店里就会剩下无穷大数量的偶数编号的巧克力。如果愿意的话，你还可以选择所有编号大于 5 的巧克力，那么店里就会剩下 5 块巧克力（图 3.10）。

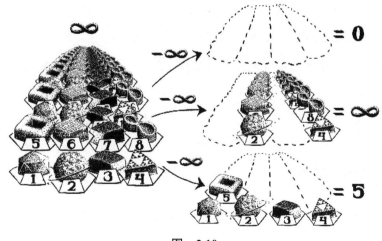

图　3.10

这三种情况全都与提出的问题相符：有无穷大数量的巧克力，你从中拿取了无穷大数量的巧克力。但结果却不一样！我们尝试的运算是 $\infty-\infty$，这就是我们所说的"不定式"。也就是说，等式的结果取决于我们从第一个无穷大中减去第二个无穷大的方式。

求取 $\infty-\infty$ 的值，就是提出一个缺少足够信息的问题。这有点儿像我跟你说："我买了五块黑巧克力和几块牛奶巧克力，请问我总共买了多少块巧克力？"问题的信息不完整，缺少一条能够得出答案的数据。无穷大的狡诈之处就在于，看似完整的问题实际上是不完整的。

德国数学家格奥尔格·康托尔（Georg Cantor）是第一个完全理解了这个问题并对此提出了一种理论的人。从 1874 年开始，康托尔发表了一系列文章，他在这些文章中逐步为我们现在所称的集合论奠定了基础。

集合是一个包含若干数学对象的整体。例如，偶数集合包含 2、4、6、8，等等。在对一个集合进行运算的时候，我们确切地知道这个集合中包含了什么，而这正是我们进行无穷大运算所需要的。从数字的集合中减去偶数的集合，那么剩下的就是奇数。

如此一来，$\infty-\infty$ 这个算式就变得清晰明了：我们不再减去无穷大的数字，而是从另一个无限集合中减去一个无限集合。从现在开始，我们不再缺少任何信息，可以不再模棱两可地解决无限集合的问题了。康托尔的理论为巧克力悖论和大多数因无穷大而出现的悖论提供了一种精确的数学解答。

集合论将对另一个基本原理提出质疑：根据这个基本原理，整体大于其部分。例如，我们可能会认为奇数的无穷大比所有整数的无穷大

"更小"，因为整数中还有偶数（图3.11）。

图 3.11

这幅图似乎在告诉我们，吃掉奇数巧克力和吃掉所有巧克力似乎不是一回事。但这就是康托尔理论的重大悖论之一：一个无限集合的一部分可以包含和整个集合数量完全相同的元素。而这正是发生在奇数和整数之间的情况。我们可以通过观察图3.12来确认这一点。

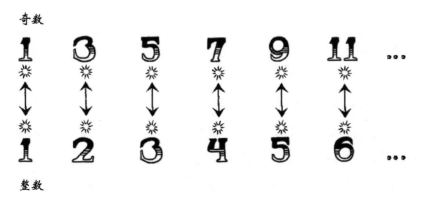

图 3.12

康托尔的定义很简单：如果可以在两个集合之间建立完全对应关系，则这两个集合就含有数量相同的元素。如果你想检查一个大厅里的人数和椅子的数量是否一样，那么你可以让所有的人都坐下，如果没有空着的椅子或站着的人，那么两者的数量就是一样的。图 3.12 中显示，每个整数都有一个对应的奇数，正如每个奇数都有一个对应的整数，因此，奇数和整数一样多。

简而言之，如果要数到无穷大，你认为可以通过只数奇数（一、三、五、七……）来节省时间，那么你就大错特错了。所需的时间会一样长。

这听起来实在与直觉不符，但这类结果是驯服无穷大这个怪兽需要付出的代价。你内心最深处认为理所当然的事情可能是错误的……而且，你看到的这些根本算不上什么。从现在开始，无穷大将与我们为伴。而且，我们将比任何时候都需要懂得"放手"。无穷大的存在强大又危险，会像阴影一样笼罩着我们对这个世界的探索。一切都不会再像从前那样。

佩亚诺曲线

公元前 9 世纪，腓尼基国王贝鲁斯（Bélos）统治着位于今天黎巴嫩沿海地区的泰尔。贝鲁斯去世后，他的小儿子皮格马利翁（Pygmalion）无意与任何人分享权力，并让人暗杀了姐姐狄多（Dido）的丈夫西谢（Sychée①）。狄多被迫带着几名忠诚的随从流亡，并开始了在地中海上

---

① 即阿克尔巴斯（Acerbas）。——译者注

的漫漫航行。

当船只最终抵达今天的突尼斯湾地区时，狄多一行人登岸，这位腓尼基公主为了在此地落脚而与当地领主进行了谈判。这些领主同意给她一块一张牛皮可以丈量过来的土地。领主们或许正为此暗自讪笑，但狄多接受了这个提议，并命人把牛皮切成尽可能细和长的皮条。

结果让这群领主瞠目结舌。牛皮条圈出的面积如此之大，大到狄多可以在上面建立一座新的城池。这就是迦太基城。

如果我们透过几何的角度来观察的话，维吉尔（Virgile）在《埃涅阿斯纪》（*Aeneid*）中讲述的这个故事就会特别具有启发性。一块牛皮的面积约为 2 平方米，而我们今天在突尼斯以东仍然可以看到的古迦太基城遗址绵延 4 平方千米！

狄多的冒险完美地展现了两个微妙的基础概念之间令人惊讶的关系，这两个概念就是周长和面积。看看图 3.13 中的这两块地。

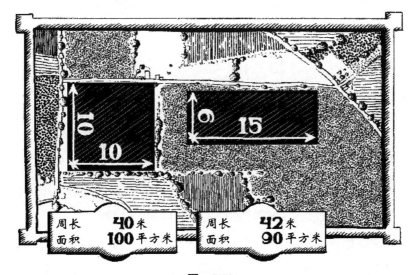

图　3.13

　　第一块地的面积要比第二块地的面积大，但第二块地的周长要更长。尽管这两个量度以各自的方式诠释了图形的大小，结果却并不一致。如果让一名运动员沿着两块地的四边跑一圈，那么跑完第一块地的用时会更短。但如果让一位园丁修剪这两块地上的草坪，那么修剪第二块地的用时会更短。

　　这种比较会让人再次想到加法和乘法之间的对比。"这两个图形哪个更大？"这个问题有两种不同的回答方式，而且根据具体的情境，两种回答中会有一种更贴切。在某些"比大小"的情况中，这两个概念会得出颇为一致的结论，但在一些特殊的情况中，结论可能会有根本性的分歧，就像我们在图 3.14 中所看到的。

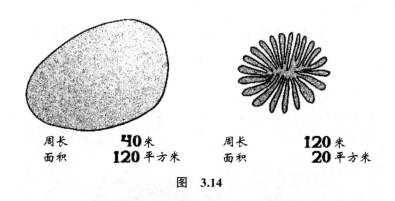

| 周长 | **40**米 | 周长 | **120**米 |
| 面积 | **120**平方米 | 面积 | **20**平方米 |

图　3.14

　　这就是狄多悖论的关键所在。这位腓尼基公主并没有用牛皮覆盖迦太基的面积，而是用一条轮廓线围出了它的面积。一张牛皮，从面积上来看并不大，但从周长上来看却潜力巨大。一个平面图形无论多么小，都可以通过足够细的切割产生相当可观的轮廓线。

　　海岸线悖论在本质上与狄多悖论非常相似。海岸线和边境线在面积上被包含在有限的领土中，但它们的长度却是无穷大的。如果把英

国的海岸线展开，其长度绝对可以绕地球一周。当我们面对理查森效
应的发现时，可能和突尼斯湾的领主们在看到狄多展开牛皮条时一样
困惑。

　　迦太基建城的传说可以追溯到大约三千年前，但其中蕴含的数学
思考却在很长一段时间内都没有引起任何人的真正关注。面积和周长
的区别，几何学家当然已经了解和掌握了。但在当时，人们对这个问
题只有单纯的好奇，并不觉得它有太大的挑战性，没有真正投以关注。
直到 19 世纪末，一些科学家才开始以新的眼光去看待这个问题。

　　1890 年，意大利神学家朱塞佩·佩亚诺（Giuseppe Peano）发表了
一篇名为《论能够填满平面区域的曲线》（"Sur une courbe qui remplit
toute une aire plane"）的文章①。他在文中展示了一种可以把狄多的想法
推进到无穷的几何构造。佩亚诺的想法是通过逐步绘制的过程来构造
一条线。其中第 1 步非常简单，就是画一个直角 "2" 字形（图 3.15）。

第 1 步

图　3.15

　　在第 2 步，佩亚诺用交替的 "2" 字形和 "5" 字形（即 "2" 字形的
对称图形）填充成一个 3×3 的网格，然后把它们彼此连接起来（图 3.16）。

---

① 　此文用法语写成。虽然佩亚诺是在 19 世纪的意大利都灵撰写的这篇文章，但法语和德语一
　　样，在当年是一种"数学的语言"，就像今天的英语。

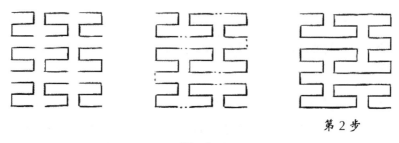

第 2 步

图　3.16

依此类推，每一步都以同样的过程由上一步推导出来。在第 3 步，将 9 个第 2 步的复制图形放到 3×3 的网格中，每两个图形中有一个对称图形，然后把它们连接起来（图 3.17）。

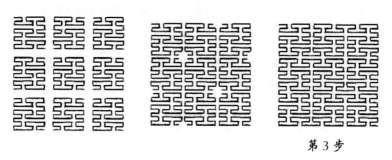

第 3 步

图　3.17

只要愿意，我们可以这样一直继续下去，构造出第 4 步、第 5 步，依此类推（图 3.18）。

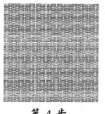

第 4 步　　　　　　　第 5 步

图　3.18

很快，细节就变得无比细微和密实，以至于无法绘制出正确的图形。从第 5 步开始，想要绘制出佩亚诺的线条就需要一点儿想象力了，但根据上一步构造出下一步的原理始终不变。于是，这位意大利数学家提出了下面这个问题：经过无穷多个步骤之后，我们会得到怎样的图形呢？

就像前文中的巧克力，我们不是很清楚问题本身想说明什么。或者，至少要弄清相关定义，好让问题看上去有意义。这就是佩亚诺设法做到的事情。他构造出这样一条无限长、细节无限细密的线条，然后开始研究它奇异的特性。

佩亚诺这条无限长的线条最令人惊讶也最受争议的特性是，线条完全填满了其勾勒出的正方形。佩亚诺向我们表明，这条线绝对经过了正方形内的所有的点，一个都没落下！如果我们想要以正确的方式描绘这条线，那么最好的办法就是把一个正方形完全涂黑，但即便如此，这也无法忠实呈现曲线在正方形中弯折盘绕的细密痕迹。

对数学界来说，这种构造犹如一种启示。就在此前几年，还没有人会相信一条线可以填满整个面。佩亚诺曲线成功地把狄多的切割推向了无穷。迦太基城创始人的牛皮条很细，但仍有一定的宽度。如果狄多能够切割出佩亚诺曲线，那么这条曲线就能把整个地球、太阳系、银河系等统统收入囊中！

佩亚诺曲线以简单、直观的方式验证了几年前格奥尔格·康托尔在集合论框架内公布的一个结果：一条线上的点和一个实心正方形中的点一样多。

在几何学中，点是图形的基本组成部分。点没有任何厚度，因此每个几何图形都由无限细密的无穷多个点组成。线和正方形一样，含有无穷多的点，那么康托尔的集合论自然就会关注以下这个问题：一条线上的点是否和一个正方形中的点一样多？

只需对两者进行观察，我们就会忍不住认为正方形中的无穷大要"大于"线上的无穷大。就像我们之前会认为整数的无穷大要大于奇数的无穷大一样。在第一次提出这个问题的时候，康托尔本人就是这么想的。而在发现自己的理论与自己的直觉相悖时，他又花了一段时间才确信自己没有弄错。在一封1887年写给朋友兼同僚理查德·戴德金（Richard Dedekind）的信中，康托尔表示："我看到了，但是我不相信。"应该说，康托尔的演示仍略显抽象，而且很难让线上的点和正方形中的点之间的对应变得直观。

直到13年后，朱塞佩·佩亚诺加入了这一讨论，他提出了关于同一结果的新证据，一种更为几何的证据。佩亚诺在1890年发表的那篇文章很短，只有四页，但他的曲线却引起了轰动。今人很难想象，康托尔的演示和佩亚诺的曲线在19世纪末的数学界引发了何等深刻的质疑。启示突如其来。短短几年之间，两位学者一举铲除了自欧几里得的著述问世以来人们对几何所抱有的偏见，而欧几里得的著述两千多年来从未受到过质疑。

两人的发现远远超出了无限曲线，以及线与正方形之间对应的问题。想要理解随之产生的巨大影响，我们就必须回到几何的源头。

现在就让我们开始一段回到过去的旅程吧。

欧几里得的三个维度

公元前3世纪，距离狄多的故乡腓尼基不远的亚历山大城在科学界大放异彩。

　　这座新兴的城市是亚历山大大帝在几年前修建的，他手下的一名将领——托勒密一世，成了国王。托勒密一世想把亚历山大城变成世界的文化之都，并决定为此全力以赴。在几十年间，古代最美丽的城池之一平地而起。托勒密召来当时最伟大的学者，并创建了一座传奇图书馆，馆中藏书多达 70 万册。诚然，这个数量远远难以企及前文中那座完美图书馆的 $10^{1\,019\,382}$ 册之数，但必须承认，在那个年代，70 万是一个巨大的数量。在这座宏伟的图书馆中可以找到人类知识所有领域的书籍。在七个多世纪之间，亚历山大学派一直在科学的世界舞台上独领风骚。

　　这座城市依然在如火如荼地建设中，那个时代最杰出的数学家之一很可能在亚历山大图书馆里工作过，他就是欧几里得。也是在这里，欧几里得撰写了数学史上最具影响力的著作：《几何原本》（*Elements*，古希腊语是 Στοιχεία 或 *Stoïkheïa*）。

　　《几何原本》是影响力超越了其作者声望的著作之一。我们对欧几里得的生活几乎一无所知，所有关于欧几里得的古代资料几乎都已遗失。但是，他的《几何原本》却被一代又一代的人反复誊抄。这本书被翻译、修订、评论、分析和扩展，是有史以来版本最多的科学著作！《几何原本》共十三卷，悉数留存至今。

　　欧几里得以一种令人难以置信的现代的严谨性和条理性，在《几何原本》中奠定了整个数学的基础。自亚历山大城初建的时代以来，很多事情发生了改变。亚历山大图书馆被毁，而科学也改头换面。但是，如果有一样东西称得上永恒的话，那或许就是数学。欧几里得的定理依然在世界各地的学校里被教授，而他的方法在 23 个世纪后基本没有发生变化。

几何在《几何原本》中占据核心地位。欧几里得在这本书中提出了多种定义，尤其是建立了一种几何图形的完整分类。首先就是点，它是最小的几何元素。一个点，就是一个部分，一个空间中的位置。点就是它自己，不能分割成更小的若干块。点没有长度、宽度和厚度。我们常常用一个小小的圆来表示一个点，但你必须清楚，对数学世界的绝对性而言，这种表示方法是错误的。一个点无限小，因此无法为肉眼所见，也无法单独呈现出来（图 3.19）。

假的点　　　　　　　　　真的点

图　3.19

在点之后，就是欧几里得划分的三大类几何图形：第一类是线，第二类是面，第三类是体。这种划分界定了我们今天所说的维度。

线是一维（1D）的，面是二维（2D）的，体是三维（3D）的。而点呢，可以被看作零维（0D）图形。

在电影院，如果你选择观看一部 3D 影片，那么在戴上 3D 眼镜之后，你就会看到立体画面在屏幕上呼之欲出。相反，如果你选择了一部传统的 2D 影片，那么图像就会在屏幕上呈现平面状态。但要注意，2D 图像也可以完美地展现 3D 对象，这就是我们所说的透视图。如果你在一张纸上画一个立方体，你画出来的图形实际上并不具有立方体的形状，因为它是平的。图 3.20 是对 3D 立方体的一幅 2D 投影。

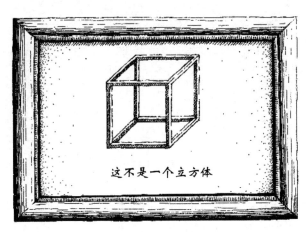

这不是一个立方体

图　3.20

根据欧几里得的观点，不同的维度就可以共存于同一个图形中，但它们的性质却大不相同，而且它们的属性也不会混为一体！比如，不同维度的测量方式也会不同。线有长度，在我们现有的体系中以米（m）为单位；面有面积，以平方米（m²）为单位；体有体积，以立方米（m³）为单位。我们不能说线的面积，也不能说面的长度。

总之，在佩亚诺曲线问世前，是无法这样说的。

阐明维度的一种方法是查看在图形中对一个点进行定位所需的坐标数字。想象一下，一个骑手沿着一条路骑行，也就是一条一维线（图 3.21）。

要指出骑手的位置，只需要知道骑手从 0 千米出发骑过的距离。如果距离显示是 10 千米，你就可以准确地推断出骑手的位置。要说出一个点在一条线上的位置，只需给出一个数字。

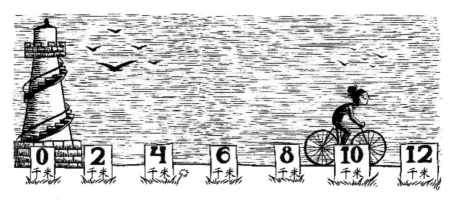

图　3.21

而如果是一条驶离港口的船，情况则会有所不同。如果经过一小时的航行，这条船沿着直线走了 20 千米，那么还不足以知道它的位置。距离港口 20 千米的点足足有一圈（图 3.22）。

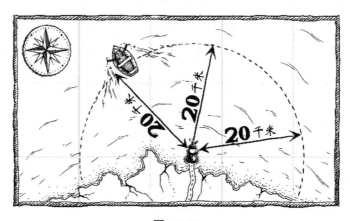

图　3.22

问题就在于，海洋的表面并不是一个一维图形，而是一个二维图形。因此需要两个数字来标定其上某一点的位置。例如，这两个数字可以是纬度和经度。纬线和经线在地球表面形成一张完美的网格，而纬度和经度这两个信息足以让我们精确地指出地球上的任何位置（图 3.23）。

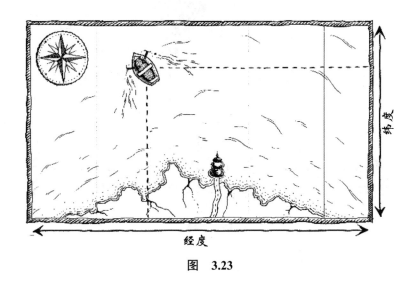

图   **3.23**

　　但这一切的前提条件是停留在地表。如果你突发奇想要乘坐热气球，那么你就进入了三维空间，而你的位置就要通过三个数字来表示：纬度、经度和海拔（图 3.24）。

　　总的来说，我们可以把这些思考简化成一个句子：一个图形的维度是定位该图形的点的位置所需坐标的个数。一个坐标：一维。两个坐标：二维。三个坐标：三维。

　　请注意，这条规则也适用于一个点。指出一个点的位置不需要任何坐标，因为这个点是无法移动的！零坐标：零维。

　　这种观察事物的方式简单、有效又优雅，而且一切都以数学中最令人满意的方式运转无虞。欧几里得的分类在 20 多个世纪中一统几何学的天下，直到康托尔和佩亚诺打破一切。

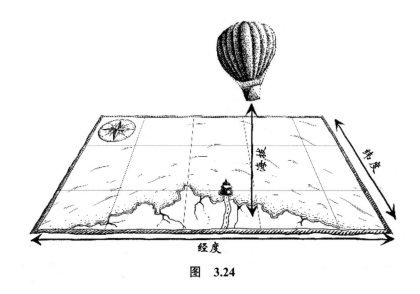

图 3.24

朱塞佩·佩亚诺用无限曲线成功地在欧几里得的两类图形之间建立起一种不可能的联系。一条一维的线可以卷曲成一个二维的正方形。因为你要清楚，在欧几里得看来，佩亚诺的线是一个正方形。线的构成方式并不重要，唯一重要的是构成它的那些点，而这些点正是构成正方形的点。把这些点称为一条线，应该不是问题。但是，它的绘制方式却令人心生疑虑。忽然之间，一切都混在了一起。我们是否可以说一条无限长的线拥有面积，还能以平方米为单位呢？我们是否可以说，正方形拥有无限的长度呢？

这种类型的混合让人有些恼火。如果你像我一样，喜欢有条不紊地按照类别和作者名字的字母顺序来排列自己书架上的书，而有一天，你最喜欢的科幻小说作者决定用化名发表一部历史小说，那么你或许就会理解 19 世纪的数学家在看到佩亚诺曲线时的那种恼火夹杂着好奇的心情了。

有了这位意大利数学家的构造，一条线可以变成一个面。尤其是，以后就可以通过单个坐标来确定正方形上一个点的位置了！为此，只需查看这个点在填满正方形的无限曲线上的位置（图 3.25）。

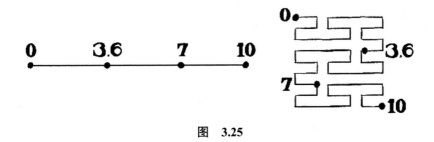

图　3.25

这一发现向我们清楚地表明，线和面之间的界限比我们想象的要模糊得多。这一发现需要深化和重新思考。原本对维度的严格定义是错误的。我们不能只满足于计算坐标。

所以，让我们继续往前走。面对这场几何危机，这些思考也为我们的研究带来了希望。如果这就是解开海岸线悖论之谜的关键所在呢？我们知道，英国海岸线的长度是无穷的，因为这些海岸线蜿蜒曲折，形成小之又小、数量无穷之大的线段。恰如佩亚诺曲线。撇开这些显而易见的事情不谈，如果海岸线不是线，而是面呢？这个想法看似荒谬，但也没有那么荒谬，不是吗？

在弄清这可能意味着什么之前，我们还有一段路要走，但至少我们有路可循：维度。

迈向第四个维度，和下一个维度

你知道你家的面积有多少平方毫米吗？通常，住宅面积以平方米为单位，而要用另一个单位来计算这个面积，就必须进行度量单位的转换。那么，你知道 1 平方米是多少平方毫米吗？

这个问题是孩子们在学校里学习转换度量单位时碰到的"必问题"之一。想象一个边长为 1 米的正方形被切割成棋盘状，每个小方块的边长为 1 毫米。这个棋盘有 1000 列和 1000 行，总共有 1000×1000，即 1 000 000 个小方块。因此，1 平方米就等于 100 万平方毫米。

这个信息值得我们细读一番。看看你脚下的地板或周围的墙壁，试着在脑中画一个边长为 1 米的正方形。然后，想象一下把这个正方形切割成由 1000×1000 个 1 平方毫米的小方块组成的棋盘。如果把所有这些小方块一一编号，你觉得需要多长时间？不要精确计算，大致估计一下就行，你觉得编号需要多长时间？大多数被问到这个问题的人会估计需要几分钟到几小时不等。

当然了，如果你还记得杰里米·哈珀的实验，你就知道数到 100 万需要三个月！你就算知道，也很难相信。我们的大脑在大数面前依然表现得笨拙不堪，而且我们很难让自己相信在一天之内是无法完成编号的。但是，与其相信直觉，我们应该更相信计算。

简而言之，每 1 平方米里确实有 100 万平方毫米。因此，如果你住在一套 70 平方米的公寓里，那就相当于 70 000 000 平方毫米。看看你脚下的地板，想象一下所有你可以在地板上切割出的边长为 1 毫米的小方块，这样你就会对法国的居民数量有一个概念。如果你住在一个 15 平方米的单间里，你就可以得到厄瓜多尔的人口。而如果你住在一幢 200 平方米的房子里，你就会得到巴基斯坦的人口。

如果从体积上去考虑的话，结果会更加令人吃惊。我们可以把一个棱长为 1 米的立方体切割成三维棋盘，这个棋盘由棱长为 1 毫米的小立方体组成，这样就有 1000×1000×1000，也就是 10 亿个小立方体！

试着想象你面前有三个这样的立方体。如果每个小立方体代表 1 秒，那么你看到的就是 95 年！这相当于人类漫长一生的时间。在面积为 70 平方米、天花板高 2.5 米的公寓里，棱长 1 毫米的立方体的数量和自史前时代结束、文字发明至今流逝的秒数一样多。

简而言之，量级的变化，比如从米到毫米，会导致量度的变化，后者的变化取决于测量对象是一维的、二维的还是三维的。我们可以用另一种方式观察到同一特性。如果你想用一条线段拼成一条比它长的线段，只需将其复制 2 次。如果你想用一个正方形拼成一个比它大的正方形，则需将其复制 4 次，因为其大小需在长度和宽度上各增加 1 倍（图 3.26）。

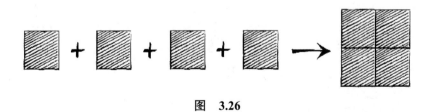

图　3.26

而要用一个立方体拼成比它大的立方体，则需将其复制 8 次，因为其大小得在三维上各增加 1 倍：2×2×2=8（图 3.27）。

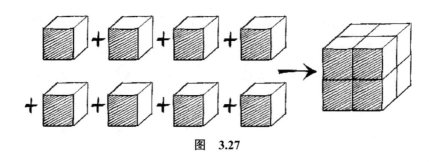

图　3.27

　　这一特性在立方体中尤为明显，因为立方体可以让你用拼图的方式重构出较大的立方体，这一特性对所有的立体都为真。因此，需要 8 个小方块才能拼出更大的立方体。

　　而这一点解释起来也很自然：要让一个三维图形构成更大的三维图形，就必须同时令其长、宽、高都增加 1 倍；但是，连续 3 个倍增就构成 8 倍，也就是体积乘以 8。

　　这些结果可以总结为图 3.28。

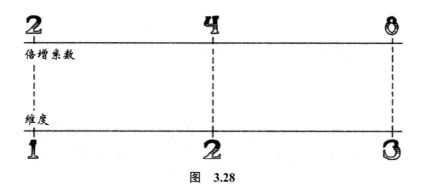

图　3.28

　　这幅图至关重要，因为正是它弥补了佩亚诺曲线的不足。它为我们提供了一种新的、更为牢靠的维度定义。要了解一个图形的维度，你只要问问自己：需要将这个图形至少复制多少次，才能拼成更大的图

形。如果答案是 2 次，那么这个图形就是一条一维的线；如果答案是 4
次，那么它就是一个二维的面；如果是 8 次，那么它就是一个三维的
体。这听起来没什么出奇的，但这是一种革命性的方法，并很快会为
我们带来重大的结果。

另外，图 3.29 难道没有让你回想起什么来吗？图的上方是一根乘
法轴，每个刻度是前一刻度的两倍（×2）。下方是一根加法轴，每个等
级的维度都增加了一维（+1）。换句话说，维度之于倍增系数，就像加
法之于乘法。是时候把纳皮尔的对数表从抽屉里拿出来了！

你看，这幅图和图 1.17 一模一样。

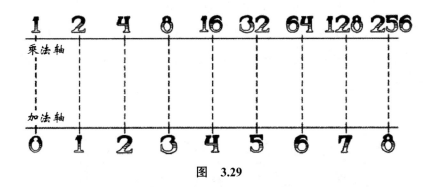

图　3.29

图中左侧的 2、4 和 8 和图 1.17 中的完全对应。这就是关于大小的
发现：维度是倍增系数的对数！纳皮尔早于康托尔和佩亚诺三个世纪就
创造出了可以"驯服"维度的数学工具。

这一发现不仅回答了我们的问题，同时也提出了千百个其他的问
题。对数表没有止步于三维，而是走得更远。观察一下图 3.29 右侧的
情况。单从表面上看，我们会发现，要让一个四维图形扩大，至少需
要将其复制 16 次；而要让一个五维图形扩大，至少需要将其复制 32

次，依此类推。

这有什么意义吗？几何中是否存在四维、五维或更高维度的图形？是否存在此前被欧几里得和他的继承者们忽略的新维度？

答案很复杂，而且我们要记住，数学和物理学是两码事。我们所在的真实世界是三维的——存在于其中的物体的体积可以被测量。而数学，其原理是创造虚构的世界，这些虚构的世界里充满了现实中不存在的物体。那为什么不试着去想象一个四维的世界，并研究这个世界里的几何学和几何图形呢？

四维空间是一个可以通过四个坐标来确定其中的点的空间，当我们用这一空间中的图形去拼成同样的更大的图形时，其量度至少需要乘以 16。很多学者都兴致盎然地研究了这个虚构的世界及其夸张的几何图形。图 3.30 就是这个虚构世界中最著名的图形示例之一——超立方体。

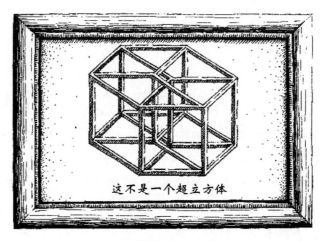

这不是一个超立方体

图　3.30

当然了，这个图形不是一个真正的超立方体，因为它是一个印在纸上的平面图形。这只是一个二维图形，但它描绘的确实是一个四维图形。超立方体之于四维，就像立方体之于三维，以及正方形之于二维。我们可以用"超立方米"去测量超立方体，记为 m^4，而且就像对数表中所显示的那样，需要复制 16 次才能获得一个更大的超立方体。

后文中会再次谈到第四维度，但现在，我们需要继续保持专注。我们目前要做的是了解分形和这些我们并不十分清楚到底是"线"还是"面"的曲线。让我们来看看，维度的新定义能否帮助我们更好地了解它们吧。

分形维度

19 世纪末 20 世纪初，分形风靡一时。当然了，那个时候分形还不叫分形，因为直到 1974 年，曼德博才发明了"分形"这个词，但继佩亚诺之后，科学家们都从各自的锯齿状小图形入手，探究其不知是"线"还是"面"的无限细碎的细节（图 3.31）。

比如瑞典数学家海尔格·冯·科赫（Helge von Koch）和他的雪花，德国数学家戴维·希尔伯特（David Hilbert）和他与佩亚诺曲线极为相似的曲线，还有日本数学家高木贞治（Teiji Takagi）和他的"牛奶冻曲线"。康托尔则发明了三分集——一组点集，但人们并不清楚这一点集是零维还是一维的。其他人还发现了一些不知道是面还是体的图形，比如美籍奥地利数学家卡尔·门格（Karl Menger）和他的门格海绵。

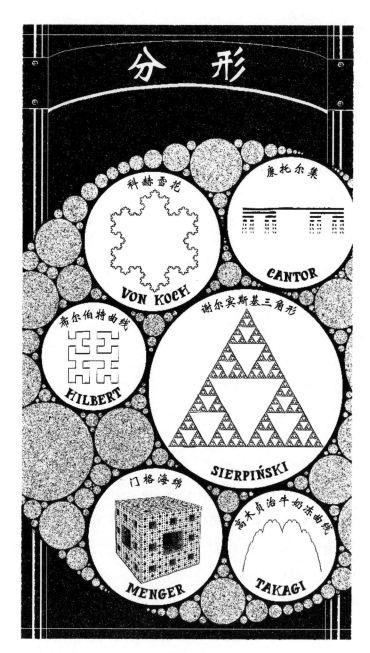

图　3.31

这一时期最著名的图形之一，是波兰数学家瓦茨瓦夫·谢尔宾斯基（Wacław Sierpiński）在 1915 年设想出的一个图形。这个图形是一个等边三角形，里面筛分成无数个越来越小的三角形。

谢尔宾斯基三角形的惊人之处在于，它可以通过两条不同的路径被构造出来：一条路径是通过一维，另一条路径是通过二维。第一条路径是从三角形的周长入手，添加越来越多的线。第二条路径是从三角形的面入手，一点一点地将其挖空（图 3.32）。

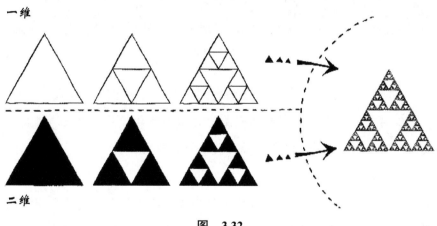

图　3.32

虽然这两条路径处在不同的维度中，但它们的终点是相同的！经过无数个步骤之后，两条路径都构造出了谢尔宾斯基三角形。因此，这个图形在维度上具有绝对的模糊性。谢尔宾斯基三角形是一维的还是二维的？它是通过第一条路径堆积起来的线变成了面，还是通过第二条路径被挖空的面变成了线？

为了回答这两个问题，是时候拿出我们的全新定义了：维度，是倍增系数的对数。换句话说，我们应该问问自己，至少需要多少个谢尔

宾斯基三角形才能拼成更大的谢尔宾斯基三角形？如果答案是两个，
那么我们就知道它是线。如果答案是四个，那么它就是面。

　　问题是，答案是三个（图 3.33）。

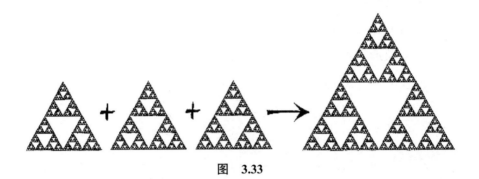

图　3.33

　　这是个出乎意料的结果！想要得到一个更大的谢尔宾斯基三角形，
你至少需要三个小谢尔宾斯基三角形。如果查看一下对数表，我们就
会发现自己面对的是一种左手线、右手面的情况。

　　这听起来让人难以置信，但唯一可能的结论就是，谢尔宾斯基三
角形处于一维和二维之间。这是一个小数！构成谢尔宾斯基三角形的
微小三角形堆叠得太过整齐、密实，这个图形不只是线，但这些小三
角又没有密实到变成一个真正的面。谢尔宾斯基三角形在某个地方卡
在了两者之间，就好像在从一个维度向另一个维度迁移的过程中，悬
浮在了空中。它既不是线，也不是面。它是另类。

　　为了找出谢尔宾斯基三角形确切的值，你只需要翻看纳皮尔的对
数表，找到 3 对应的那个对数。我们在对数表中找到了这个近似值：
1.585（图 3.34）。

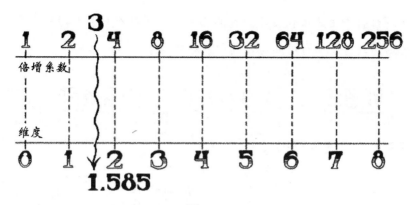

图　3.34

　　因此，我们的答案是：谢尔宾斯基三角形是一个 1.585 维的图形。

　　揭晓这般谜底，需要我们放下很多东西。不用担心，你需要时间去习惯。事实上，小数维度的存在如此怪异且令人困惑，甚至让人想奋起反抗。这听起来很荒谬，荒谬到就像用小数给一本书编页码一样……尽管如此，相信逻辑推理而非自己的直觉需要一定的勇气。如果你对这个结果仍心怀疑虑，那也是正常的，甚至是合理的。在写下这些话的时候，距离我第一次了解到分形维度已经过去了将近二十年，而我可以毫不惭愧地说，我至今仍未从最初的惊讶中完全回过神来。

　　但我们必须相信数学。研究者知晓并研究小数维度，至今已有数十年，而且没有出现过错误。这些维度的存在和一致性已经在很多情境中得到了广泛验证。维度具有一整个连续统，而这个连续统中的每一个维度都可以构造出图形（图 3.35）。

　　在几年的时间里，分形维度就像理论上的奇珍异宝一样躺在数学家的抽屉里，没有实际的用途。直到本华·曼德博得知了刘易斯·弗莱·理查森关于边境长度之研究的那一天，情况才发生了转变。于是，曼德博想到这一切有可能比表面看来更加具体。

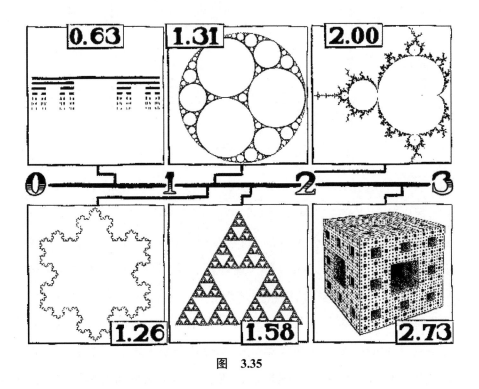

图　3.35

曼德博进行了尝试，并决定将维度理论应用在一种和英国海岸线同形的线条上。他拿出对数表，进行计算。得嘞！英国的海岸线是1.25 维。

就像佩亚诺曲线，这些线条的扭曲程度如此之大，以至于不能再被视为是一种普通的线。它们就像谢尔宾斯基三角形，还没有迂回缠绕成一个面，而是介于两者之间。对这些线，我们无法像对长度那样以米（m^1）来测量，也无法像对面积那样以平方米（m^2）来测量，而是应该根据 1.25 维图形的特定量度单位来测量："1.25 次方米"（$m^{1.25}$）。

照此，借助理查森收集的数据，维度理论就可以让我们通过计算得出：英国西海岸线约为 4600 $km^{1.25}$。西班牙 – 葡萄牙国界线的弯曲程度较小，但其维度仍等于 1.14，我们可以用同样的方式算得这条国界线的长度约为 1250 $km^{1.14}$。

面对这样的度量单位，这些结果在我们的经验看来是非常抽象的。但这是结束这场争论的最确切的方式，至少在那些钟情于数学极高准确性的人看来，是最确切的终结方式。在现实中，地理学家会继续乐于以千米为单位去测量海岸线并得到近似值。这并不十分要紧，分形的机制现在已经启动，其应用将成倍增加。

而就在几年前，数学界还把分形当成和现实没有任何关系的理论对象，但本华·曼德博的观点却与这一立场完全相反：对他来说，与现实脱节的是欧几里得的几何学。山峦不是锥体，树木不是球体，河流不是直线。在现实中，一切都是被切割的、剁碎的、撕裂的、细碎的、揉皱的、凹凸不平的。粗糙才是常态，平滑只是例外。就连地球也不是溜圆的，而是布满了高低起伏的峡谷和山峰。大自然是分形的！这就是曼德博的主张。

看看周围的这个世界，你肯定会找到很多例子，比如植物，蕨类、树木、叶片或某些花朵的形状。花菜满是细节的表面是 2.33 维的。表面更为粗糙的西兰花则是 2.66 维的。而在你自己的身体里，如果把血管的所有细小分支首尾相连，那么最终的长度将在 100 000 和 200 000 千米之间——足以绕地球好几圈，你堪称狄多的继承人了。同样，在你的肺部，空气和血液之间的肺部接触"面"密实到几乎具有了容积，它的维度约为 2.97。

1982 年，曼德博出了一本书，名叫《大自然的分形几何学》（*The Fractal Geometry of Nature*）。他在书中给出了很多例子，有数学的，也有物理的。分形的世界绚丽、复杂而又丰富。它既在理论上引人入胜，又在实践中用途甚广。曼德博抛出了一个名副其实的现象，一大批数学家追随他的脚步进入这一全新的探索领域。

直到今天，仍有很多前沿研究在继续这一领域的探索。分形不仅本身得到研究，而且还渗透到数学和科学的其他很多领域。

但分形研究最令人惊讶的地方处或许是，直到 20 世纪，科学才开始真正关注这些在我们的世界中无处不在的形状。就像本福特定律，分形在数个世纪中一直就在我们祖先的眼前，但他们似乎没有看到分形。抬起眼来吧，看看周围的这个世界，然后思考一下这个问题：你正在观察的事物中还有多少有待发现？这个世界上还有什么未曾被人了解的事情等待我们去了解，只因为没人想到要去了解它们？我们眼前还有什么引人入胜却未受关注的事物？

有时候，显而易见之事就在细节之中。

第 四 章

模糊的艺术

欧几里得的第五公设

我们如何能够对自己的所知确信无疑？

这个问题一经提出就一直困扰着人类。当然，我们观察这个世界，分析这个世界，看到相同的原因产生了千百次相同的结果，而渐渐地，我们最终认为，自己了解了一些自然的机制。但我们的自信能够达到何种程度呢？如何才能避免沦为偏见、运气不佳和糟糕阐释的受害者呢？我们是否根本无法说"就是这样了"呢？我们能否做到确信无疑而没有任何漏洞？

人类认知的历史中布满了言之凿凿的观点，这些观点在一段时间内被认为是真的，而后又被纠正或否认：我们曾认为太阳绕着地球转，还曾以为几何图形只有三种维度。我们自己的大脑可能会背叛我们，而最伟大的学者也曾犯下错误。诚然，科学已经教会我们很多关于世界的知识，但它也应该让我们变得谦卑和心存怀疑。

公元前 5 世纪，一位名叫希波克拉底的数学家决定通过解决几何基础的问题来消除怀疑。他开始撰写《几何原本》，一部对几何领域已知成果进行了概括和统筹的著作。这本书立意高远：组织几何知识，并让这些知识立于无可辩驳的基础之上。这本书中不应含有任何轻率得出的论断，它所陈述的每一个定理都应该经过严谨而准确的证实。

希波克拉底的这本书未能留传下来。在随后的两个世纪中，紧随其后的学者们的著作也没能留传下来。所有这些成就都将在公元前 3 世纪黯然失色，因为一个追随希波克拉底脚步的人完成了一部最完整、最成功的著作，那就是欧几里得。欧几里得洋洋十三卷的《几何原本》

囊括了有关平面几何、算术、比例的问题，最后三卷则述及三维几何的问题。所有的内容都进行了系统的分类，从最简单的特性到最复杂的定理，还有对它们的完整论证。

欧几里得的《几何原本》标志着数学史上的转折点。当然，在《几何原本》问世之后，很多学者都发表过对其进行修订、扩充或评述后的版本。在随后的几个世纪中，书中的一些细节又几经讨论。但是，欧几里得定下的总体结构却从未受到过争议。数学似乎在那以后步入了正确的轨道，并拥有了坚实而可靠的基石。有了《几何原本》，数学家们可以对自己所说的话确信无疑了。

但是，如果故事就此结束，那就太过简单了。因为《几何原本》的核心之处将孕育出一个全新类型的问题，而此前的任何文明都不曾遭遇过这个问题。一个关于数学本质的问题：第五公设。

第五公设是科学史上的一座丰碑。尽管这样的评价始终带有主观性，但我个人斗胆称其为有史以来最大的数学谜题。这个谜题既核心又独特。它的影响是巨大的，而其陈述和解决办法的新颖之处使它成为一个数学神话。想要理解它，我们就必须深入了解《几何原本》的结构。

欧几里得的这部著作之所以既独特又现代，不仅仅是因为其中包含的数学成果，更是因为这些成果得以确立的方法。所有定理都必须经过严谨的证明。因此，《几何原本》中的每一个论断都伴随着一个论证，后者基于已经证明的结果通过逻辑推理来确立前者的准确性。

但是，这种方法会面临一个阻碍：必须得从某个地方入手。如果说，所有的推理都必须基于之前已有的知识，那么我们最初的知识又该基于什么呢？作为开山之作的《几何原本》该如何对它的第一个命题进行论证呢？希波克拉底、欧几里得和思考过这个问题的希腊学者们都知道没有奇迹之法。以下这个问题是绕不过去的：我们不能从零开始。为了让数学的机器运转起来，我们不得不在没有证明的情况下接受初始的论断。

但是，我们可以确保这些被接受的命题足够基础且显而易见，以便让人能够相信，这些命题将成为理论的基石，成为我们建造整幢数学大厦的基础。这些基本的真理被称为"公理"或"公设"。

于是，在《几何原本》的第一卷中，欧几里得决定使用五个公设来构建平面几何（图 4.1）。

1. 从任意点到另一点可引且只能引一条直线。

2. 任意有限直线可沿直线无限延长。

3. 给定任两点，可以一点为圆心，以到另一点的距离为半径作圆。

4. 所有直角都彼此相等。

5. 给定一条直线，通过此直线外的任何一点，有且只有一条直线与之平行。

所有这些陈述都是合理的，似乎很难引发争议。以此为基础，欧几里得对至今仍在世界各地的学校中教授的一系列几何结果进行了演示。我们会在其中看到毕达哥拉斯定理（即勾股定理）和泰勒斯定理（即截线定理），或是任意三角形的内角之和等于180°。所有这些都来自欧几里得的五个公设。

为了能够充分理解我们之前所说的内容，让我们对此稍加讨论。务必注意一点：除了这五个公设，欧几里得绝对没有在事先未经证明的

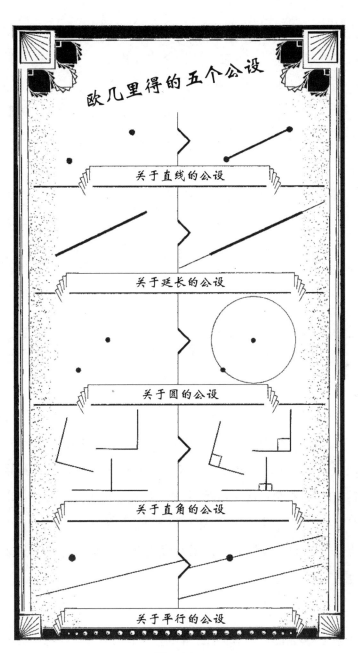

图　4.1

情况下陈述任何其他的真理，即便这个真理完全是一目了然的。

　　就以正方形为例，这是一些四条边都相等且四个角都是直角的图形。我们都见过正方形，毫无疑问，构造这样的图形是没有问题的。但是，《几何原本》中的五个公设没有一个提及这种图形。因此，在使用正方形之前，欧几里得证明了它们的存在。

　　这就是《几何原本》第一卷中的命题 46。欧几里得以一条线段为基础，逐步说明了如何以这条线段为边作正方形（图 4.2）。

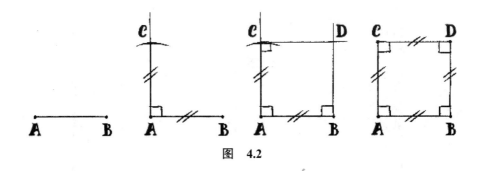

图　4.2

　　这种证明一切，乃至最基本之物的偏执，在欧几里得的追随者们看来，会招来某些哲学家，尤其是伊壁鸠鲁派的嘲笑。对于后者来说，想要证明显而易见之事和不经讨论就去相信晦涩之事一样荒谬。比如第一卷中的命题 20。这一命题断言，从 A 点到 B 点，沿直线走要比经过不在直线 AB 上的第三点 C 距离更短 ①。如果驴位于 A 点，干草垛位于 B 点，那么驴会自然而然地沿直线走向干草垛，它不会想要经过 C 点走过去（图 4.3）。

①　这就是我们今天所说的三角形不等式：在任意三角形中，任意一条边都短于另外两条边的总和。

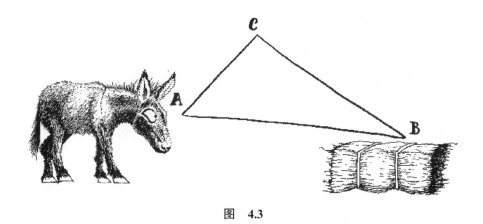

图　4.3

在伊壁鸠鲁派看来，欧几里得假意无视连驴都知道的事情是在自欺欺人。为什么要费尽力气去证明那些显而易见的事情呢？我们完全可以承认正方形是存在的，承认最短的距离是直线距离。

这么说实际上就是增加了两个假设。此外，我们还可以在整体上重新审视《几何原本》，并把所有我们认为"显而易见"的命题添加到公设中。毕竟，这么做会更简洁，因为这会让同时省去所有这些陈述的证明成为可能。

这两种看待事物的方式各有各的道理，但我个人会站在欧几里得这一边。我不知道你是怎么想的，但一想到那么多不必要的公设，我就感到头皮发麻。相反，我觉得仅凭五个基本真理就能证明最显而易见的事情是分外优雅的。知道我们的数学大厦建立在最少的公设之上，这是一件非常令人高兴的事，不是吗？

但不要对欧几里得的意图有所误会。欧几里得并没有声称每一位几何学家都必须依靠他的五个公设去证明所需的那个定理。相反，《几何原本》是完全开放的，它提供了一套妙不可言的工具，让你不必在每次使用这些工具的时候都得去考虑命题的真实性。如果你需要《几何原本》中某个经过证明的结果，那么这个结果就在那里，任你差遣。既然欧几里得已经证明了正方形的存在，那么就该彻底解决这个问题了。自那以后，这个问题已经得到了解决。

　　但在优雅这种非常主观的问题之外，这种方法还带来了另一个问题。如果每看到一个对我们来说显而易见的断言就添加一个公设，那么就会很难知道在何处打住。显而易见和复杂定理之间的界线可能是模糊的，而且可能对每个人而言都不一样。欧几里得的方法让我们免于把时间浪费在关于什么显而易见而什么不是的争论上。数学不在乎什么是显而易见的，它只想知道什么是真的。

　　今天，这个问题在数学界不再会引发真正的争论。一种理论能够建立在尽可能少的定理之上总是更好的。但这就带来了一个新的问题：是否可以做到用比欧几里得更少的公设？是否可以仅根据四个公设来构建整个平面几何？

　　在欧几里得之后，很多科学家都特别想知道是否需要第五公设。在欧几里得的五个公设中，第五公设是表述最为复杂的一个①，因此，它"显而易见"地被认为没有前四个那么绝对。可能有人更愿意看到它退出已被接受的公设之列，而加入经证明的公理之列。

　　我们并不清楚这个问题是在什么时候首次被提出来的。显然，欧几里得本人在撰写《几何原本》时应该是考虑到了这一点的。希波克拉底在公元前5世纪撰写的《几何原本》或许已经提出了这些疑问。但无论这个问题的确切来源是什么，也无论它首次被提出是在什么时

---

① 在《几何原本》法语版中，第五公设用词最多：公设1，十个词；公设2，十四个词；公设3，十八个词；公设4，八个词；公设5，二十二个词。

候，有一点可以肯定：这个问题困扰了几代数学家，并引发了远远超出孕育它的几何学的科学巨变。

我们是否可以省去第五公设呢？

这个问题，乍看之下有多平凡，实际上就有多宏大。你在第一次发现它时，会很自然地想要知道它与其他问题相较宏大在哪里。你或许觉得我刚才把它称为有史以来最大的数学谜题是在夸大其词。那么，在进一步探究之前，就让我先用几句话来对它做个简单的介绍。

第五公设最首要的独创性来自以下这个事实：它实际上不是一个几何问题，而是一个逻辑问题。它对数学本身的功能提出了质疑，迫使与之擦肩而过的学者们对自己学科中最为隐秘的"显而易见"提出质疑。这个谜团将在两千多年里悬而未决，直到19世纪才最终得到解决——如此长的时间实为罕见。

但故事并没有结束。在第五公设最终得到解决的时候，其强烈的冲击波在科学界引发了震动，远远超出几何学、逻辑学和数学的范畴。震动的规模之大，是任何人都无法想象的。在两千年中，数学家们把解决第五公设的问题当作纯粹的智力挑战，却从未想过它会具有任何实际用途。在那个年代，没有人会相信这样的问题有一天可以和牛顿的宏大理论一较高下。

何况，万有引力已经完成了自证。自17世纪现世以来，万有引力对潮汐做出了解释，并用数学的方法阐述了自由落体运动。这一理论对解释月球的环地轨道和行星的环日轨道起到了决定性的作用。它预测出哈雷彗星的回归，它猜想出地球的形状，它还发现了一颗新的行星——海王星。没错！在19世纪初，没有哪位学者敢料想一个如此出色而有效的理论有一天会遭到质疑。牛顿的成果成了科学世界最伟大的荣光。而一个关于平行直线的公设对此又能做些什么呢？

但是，可别小看了那些尚未苏醒的小小数学谜题。在牛顿 1687 年发表《原理》的时候，距离第五公设的提出已经过去了将近两千年。而在第五公设得到解决的时候，牛顿的理论还有不到一个世纪就要被"搁置"一旁了。

关于第五公设，我还有最后一件事要告诉你。这或许是关于第五公设的最令人困惑的地方：这是一个简单的问题。第五公设的解决办法并不复杂，却出色而巧妙。其卓越之处首先在于看待这个问题的方式。这需要改变观点。

在两千年中，数代才华横溢的学者把自己的大半生都奉献给了第五公设，却没能成功。如果有可能带着我们现在所知的知识穿越时空造访这些天才之辈，那么我们只需不超过十五分钟的时间就能把解决办法给他们解释清楚。所有这些伟大的头脑实际上都跟他们孜孜以求的答案擦肩而过。而他们之所以没有看到答案，仅仅是因为他们没能以正确的方式看待问题。改变观点之后，解决办法就变得显而易见了。这难道不是优雅的登峰造极吗？

在后文中，你将会手握解开谜团的钥匙，而这把钥匙是人类在 22 个世纪中所能拥有的最伟大的科学天才们所梦寐以求的。一个既如此简单，又如此强大的谜团。

多么讽刺，多么令人晕眩！

却又多么令人欣喜。

颜色的错觉

"蓝绿语"是只用一个词语来表示蓝色和绿色的语言 ①。我们往往很少意识到词汇对我们感知色彩的深刻影响。对我们来说，再没有什么比亲眼所见的更加真实和客观。

但表象可能具有欺骗性，而"蓝绿语"就是一个完美的印证。很多人觉得，其他人可以分得出这两种差别甚微的颜色，对它们进行划分没什么用。大海在不同的日子里和不同的状态下会呈现为蓝色或绿色，因此，每天和大海为伴的人们会很自然地把这些变化看作仅有的同一种颜色。比如，越南语中用"xanh"来表示"蓝绿"。于是，越南语中就有被我们称为"绿叶"的"蓝绿叶"，以及被我们称为"蓝色海洋"的"蓝绿色海洋"。

在法语中，儿童读物里通常会列出 11 种颜色：白色、蓝色、黄色、红色、绿色、橙色、紫色、棕色、灰色、粉色和黑色。再以后，我们会学习识别这些颜色词语中存在的其他细微差别。绿色可以是橄榄绿、苹果绿、柿子绿或鹅屎绿。肉眼通常能够分辨出十万到一百万种颜色 ②。这个数因人而异，一些人能够看出极为相近的颜色之间细微的差别，而另一些人则会认为这些差别甚微的颜色完全一样。因为数量如此之大，所以不可能每一种颜色都有一个特定的词语。因此，有必要进行分组，而这些组别必然是出于主观的。

---

① 没有现成、明确的形容词来指称这些语言。有些人在互联网上发明了"蓝绿"这个词（译者注：vleubert，即法语绿色"vert"和蓝色"bleu"的合成词），而我选择遵循他们的这一发明，是因为这个词很有趣。

② 当然了，你可以感知到的颜色数量非常巨大，但不是无穷大。这一点无须我来告诉你。

　　你肯定曾经碰到过这样的情况：在跟别人对话的时候，你和对方就颜色的命名无法达成一致。绿松石色到底是蓝色还是绿色？在交通规则中，交通信号灯上三个颜色的官方名称是红色、黄色和绿色，而在日常用语中，大多数讲法语的人则把黄色的过渡灯称为橙灯。词语划定的边界不仅是人为的，而且是模糊的。

　　这些发现并非没有后果。存在一个单词这一简单的事实改变了我们与颜色的关系，也因此改变了我们与眼中这个世界的关系。我们的思维由词汇塑造而成，并把其局限也完全融合进来。俄语中有两个词用来表示蓝色，分别是"синий"（蓝色）和"голубой"（浅蓝）。如果要想见他们看待颜色的方式是如何因此而改变的，只需想想我们对红色和浅红同样的处理方法，我们把浅红称为"粉色"。我们对红色和粉色的关系的思考方式不同于对蓝色和浅蓝的关系的思考方式。我们会本能地认为粉色是另一种颜色，它具有其自身的特点和不同的象征意义。相反，浅蓝在我们看来是一种原蓝色的简单变体。词语造就了这种不同。

　　20世纪90年代末，一个科研团队造访了伯瑞摩人，这是一个生活在巴布亚新几内亚塞皮克河上游沿岸以狩猎采集为生的部落。伯瑞摩人的语言中有几个指称颜色的词语，比如"mehi""nol"和"wap"，有人会想要知道如何把这些词语翻译成欧洲的语言。在前往伯瑞摩人的居住地之前，这个团队准备了一张有160种颜色的色卡，并用列有这些颜色的表格事先对英语受试进行了测试。结果如下 [①]（图4.4）。

----

① 虽然原表是用英语标注的，但词汇与颜色的关系和在法语或中文中的足够相似，因此翻译成法语或中文不会出现误差。

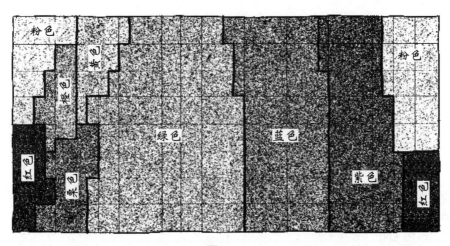

图　4.4

这是一幅黑白图片，我们需要具有一点儿想象力。如果你用过绘图软件的调色板，或是翻看过涂料销售目录，那么你肯定见到过这样的颜色排序。在水平方向上，色调的变化就像彩虹的颜色，形成一个从红色到紫色的循环。在垂直方向上，变化的是亮度：上方是浅色，下方是深色。

虽然这张图清晰度欠佳，但我们从中还是可以看出一种趋势。绝大多数欧洲人能在几格之差的范围内做出与上图中极为相似的颜色划分。相反，当这个研究团队让伯瑞摩人用他们的颜色词填充同样的图时，结果却大相径庭（图 4.5）。

我们可以清楚地看到，伯瑞摩人的语言是"蓝绿语"。颜色词"nol"涵盖了紫色、蓝色和绿色的大部分区域。"wor"一词则包含了黄色、橙色和一部分绿色。在图的两侧，颜色分界出现又消失。因此，在我们所说的绿色中，存在着被伯瑞摩人称为"nol""wor"或"kel"的色彩差异。或许，他们觉得用同一个词来描述在他们看来如此不同的颜色是件奇怪的事。

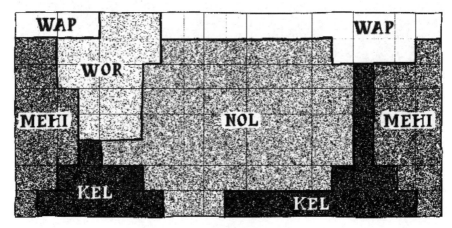

图　4.5

鉴于这样的实验结果，研究人员开展了研究，试图发现造成这些差异的原因。比如，我们有可能假定这些差异是生物原因造成的。那么，要是我们的视网膜感光细胞和伯瑞摩人的视网膜感光细胞不一样呢？经过验证，事实并非如此，一切都表明，造成颜色区分差异的并不是生物原因，而是文化差异。

在 1670 年至 1672 年，艾萨克·牛顿尚未满 30 岁，他的苹果也还没有掉下来，但他已经开始关注光的特性，并通过一面棱镜发现，白色的阳光可以分解成完整的彩虹色。这就是他的首个重大发现。于是，他决定区分出其中的颜色：红色、橙色、黄色、绿色、蓝色、靛蓝色和紫色。这一选择部分源于一种与七个音符相关度不大的类比，后来让他备受指责。彩虹色呈现出一种从红色到紫色的渐变，但各个颜色之间的区分并没有物理证据的支撑。在古代，亚里士多德仅把彩虹分解为三种颜色（紫色、绿色和红色），而普鲁塔克则将其分解为四种颜色（红色、黄色、蓝色和绿色）。

但是，我们不应就此认为绝对没有任何通用的规则。比如，没有一种语言会混淆红色和绿色，却能区分出蓝色。20 世纪 60 年代初进行的研究表明，逐渐往词汇中添加新颜色的语言总是以大致相同的顺序进行的。因此，一些"蓝绿语"也是"红黄语"（即红、黄不分），反之则不是。蓝、绿界线总是在红、黄界线之后形成。

这种不变性体现出我们在颜色区分方式上的某种统一性。我们的眼内具有三种叫作"视锥细胞"的感光细胞：R 视锥细胞感知红色，V 视锥细胞感知绿色，B 视锥细胞感知蓝色①。这些颜色被称为三原色，而我们所能感知到的所有颜色差异不过是这三种颜色的不同组合。以某种方式来说，颜色的空间是三维的，因为它需要三个坐标才能确定一种特定的颜色。

因此，这三种颜色并非源自某种物理现象，而是源自人类的生物构造。这是因为眼睛的构造让我们看到一个由三原色构成的世界。但也有例外。

约翰·道尔顿（John Dalton），道尔顿症（即色盲）即因其得名，他没有感知绿色的视锥细胞，因而看到的是一个两种原色构成的世界。与既有观念相反，色盲产生的原因不是两种颜色的颠倒，而是某些颜色的混淆。在大多数人看来具有区别的颜色，在色盲人士的眼中是一模一样的。

与色盲相反的症状叫作四色视觉。在人类中，四色视觉是一种非常罕见的现象，只有少数人被认为可以看到四原色的世界。但在

———————————

① RVB 为法语表述，即 L 型视锥细胞、M 型视锥细胞、S 型视锥细胞。——译者注

动物界，四色视觉却很常见。比如你家的金鱼，它除了可以看到所有你可以看到的颜色，还可以感知到一种你看不到的紫外原色。大多数鸟类同样具有四色视觉，还有很多其他的动物也疑似具有这种视觉。

需要注意的是，四色视觉为视觉添加的并不只是一种颜色，而是一种可以和所有其他原色混合的第四原色。因此，你的金鱼可以看到大量其他的颜色组合。

但辨色的全能冠军是拥有十二种感色细胞的虾蛄科。这些甲壳类动物看到的是一个十二原色的世界！因为这十二种原色可以相互混合，所以虾蛄能够看到不少于 4082 种二次色 ①，以及这些二次色之间大量的混合色。

跟这些动物相比，智人就是十足的色盲。我们看世界的方式在这些动物眼中可能相当乏味：这个世界充满了我们从生物性上无法感知的色彩差异。

另外，有趣的是，我们把这种色盲传染给了电子设备。我们用来拍摄的相机，还有电视和计算机屏幕都是以捕捉和再现 RGB 颜色模型（即红绿蓝颜色模型）为目的而设计的，这就完全忽略了存在的所有其他颜色差别。

如果你和拥有四色视觉的动物一起坐在电视机前，它会告诉你屏幕上缺少了某些颜色。你的电视屏幕没有再现出这个世界的颜色，而只是再现出让我们看不出差别的颜色。你就像一个眼睛只能看到黑白两色的人，一边看着黑白电视，一边佯装画面与现实相符。

---

① 十二种原色可以组合 2^{12} 次，也就是 4096 种不同的组合。从中减去十二原色，以及通常被单独分类的白色和黑色，就得到了二次色的数量。

如今，科学家发明的设备可以捕捉到我们的肉眼无法看见的颜色，比如红外摄像机或射电望远镜，有了这些工具，科学拓展了我们的视野，让我们能够看到许多以前完全无法看到的事物。在宇宙中，大量天体只有在那些我们感知不到的"颜色"中才能被探测到，比如星云或超新星。

这种方法再次展示了"雨伞定理"。想要观察无形的宇宙：（1）使用一个可以探测到其他颜色的仪器；（2）观察；（3）把你观察到的事物转换到肉眼可见的颜色中，然后欣赏。

你在关于宇宙的文章或天文学杂志中看到的大多数照片就是这样获得的。我们常常会认为，这些拥有美妙颜色的天体是无法为肉眼所见的，因为它们太小，需要用超级望远镜才能被观测到。通常情况确实如此，但如果我们拥有更好的视线，就可以看到一些大小足以被看到的物体。

在夜空中占据最多空间的天体不是月球，而是仙女星系。仙女星系的表面大小是人造卫星的 6 倍。不远处的螺旋星云要小一些，但如果它的光更亮一些，并位于我们的原色范围之内，那么它就可以为肉眼所见（图 4.6）。

在凝视天空的时候，我们知道所有这些遥远而巨大的物体就在那里，但它们无法为我们平凡的肉眼所见，就像幽灵一般，只有科学才能让我们窥见它们的丰富多彩。这种体验，既美妙又震撼。

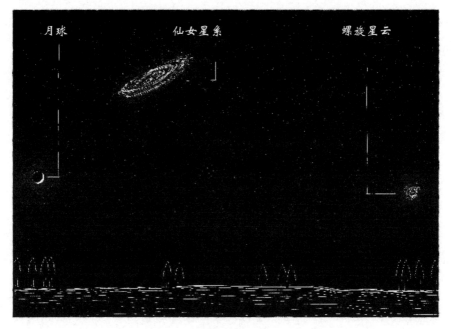

图　4.6

误解的数学

这些多姿多彩的讨论似乎让我们离欧几里得的第五公设有点儿远了。但这些讨论会非常有助于我们了解几何学。因为在数学领域也一样，定义可能是主观且模糊的。

小孩子在初次接触几何形状的时候，可能会碰到由词语造成的错误定义。看看下面这两个图形（图 4.7）。

图　4.7

很多六七岁的小学生会坚持认为，第一个图形不是三角形，第二个图形不是正方形。的确，他们在所处的环境中碰到的三角形大多是等边三角形。因此，在他们看来，"三角形"这个词所指的并不是任何具有三条边的形状，而是单指具有三条等边的形状。同样，他们看到的大多数正方形是"正"的，如果正方形像图 4.7 中这样旋转一下，他们就不认得了，而且更愿意用"菱形"这个他们知道的图形名词 ①。

这种不确定性在成人阶段并没有完全消失。如果你向驾驶员展示下面两个路标，很多人仍会犹豫能否把第二个图形称为正方形（图 4.8）。

图　4.8

好吧，我们来做一个词汇的测试。"六边形是一个有六条边的图形"，这个定义看似清晰、准确，没有歧义。在这种情况下，你能指出

① 这个答案本身也是正确的。正方形是菱形的一种特殊形式。

以下五个图形中哪一个是六边形吗（图 4.9）？

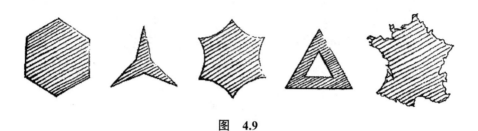

图　4.9

　　你犹豫了，对吗？六边形是一个有六条边的图形，这一定义有点儿模糊。什么算是一条边？这条边必须是直的吗？这六条边彼此之间应该按照某种特定方式来排列吗？

　　如果你在字典里查找六边形的定义，你可能会失望地发现有好几种定义。比如，六边形可能被定义为一组闭合的六条线段。照此定义，六边形就是一维的线，而图 4.9 中的图形是面，所以哪个都不是六边形。相反，其他更为宽泛的定义会告诉你，这六条线段围成的面也可以称作六边形。在这种情况下，前两个图形可以算作六边形，但后三个不行。你可以轻松地想见，其他的定义也会具有同样的准确度，但会给出不同的结果。根据你对所用词语划定的界线，一切皆有可能。

　　不要以为数学家就会更加理性。他们经常会根据情境采用定义不同的用语。例如，根据字典给出的定义，谢尔宾斯基三角形绝对不是三角形，勒洛三角形、彭罗斯三角形或帕斯卡三角形同样也不是三角形 [1]（图 4.10）。

―――――――――――――

[1]　勒洛三角形是一个定宽图形，也就是说，如果我们用这种图形代替自行车轮，自行车骑起来就不会颠簸，就像用圆形车轮一样。彭罗斯三角形是一个矛盾的透视图形，它所描绘的三维对象并不存在。帕斯卡三角形是一组数字，每个数字是其上方两个数字之和。

谢尔宾斯基三角形　勒洛三角形　彭罗斯三角形　帕斯卡三角形

图　4.10

　　当然了，看着这些图形，我们完全可以理解为什么会把它们叫作三角形。但是，从严格的几何意义上来讲，它们都不是三角形。但这并不妨碍人们继续称它们为三角形，这无伤大雅。

　　我们在这里必须明白一件事：所有这些语言的模糊性都只是表面上的。这些模糊性是可以识别的，而且在必要时是可以减少的。在日常生活中，我们在使用词语时并不需要绝对精确。我们可以轻松应对歧义。如果这些歧义最终妨碍了沟通，我们只需稍加讨论，就某个精确的词语达成共识就行了。

　　一个孩子在几个月中错误地理解了"三角形"一词，最终，孩子会意识到自己需要扩展对这个图形的定义。这种误解并不是决定性的。同样，一个伯瑞摩人可以学会区分蓝色和绿色，而一个欧洲人也可以学会区分"wor"和"nol"。或许，就连你也曾经意识到，某个词或某种表达方式并不具有你多年来赋予它的含义，但这种误解没有给你带来任何损害①。

　　戏剧尤其喜爱误解带来的喜剧反转。两个人物各说各话，但说话

---

① 本书的插画师克洛伊告诉我，"赞美酒神的"（dithyrambique）这个词对她来说就是这种情况。那么你呢？

时的用词，却让他们误认为彼此心意相通。法国文学中最著名的此类喜剧反转之一，就是莫里哀的《吝啬鬼》里阿巴贡和瓦赖尔之间发生的一幕（图 4.11）。阿巴贡说的是他被偷的金币，瓦赖尔说的是和自己私订终身的爱丽丝——阿巴贡的女儿。两人都在谈论"心肝宝贝"，都在谈论"爱"，都在谈论"错误"。在主角们意识到彼此的误会时，对话已经展开了四五十行。

仔细想想，这种对歧义的思考或许比表面看来要更严重、更深刻。如果存在绝对无法察觉到的误解呢？比如，两个人各说各话，却完全无法意识到彼此在说什么。

举个例子，想象一下你看到的两种颜色是完全颠倒过来的。假设这两种颜色是蓝色和红色。注意，这可不是色盲：你依然可以感知三原色，只不过把其中的两个颠倒了过来：你看到的红色是其他人看到的蓝色，反之亦然。那么你能否意识到这一点呢？小时候，大人指着西红柿跟你说是红色的，指着天空跟你说是蓝色的。因此，在学习语言的时候，你自然而然地会把"蓝色"这个词和"红色"的感知对应起来，反之亦然。于是，词语的颠倒就完美地弥补了你感知的颠倒。在看到"蓝色"的西红柿时，你会深信这就是被称作"红色"的颜色，所以你会说："西红柿是红色的！"而每个人都赞同你的说法，没有人能够指出这种误解。

你敢肯定我正在描述的不是真的吗？假设你真的以蓝为红，那你能想出可以发现红色和蓝色颠倒的任何经历或对话吗？无论你怎么想，答案都是否定的。

另外，如果每个人的感知都是独有的，而且无法与其他人的感知相比较呢？那么，或许每个人都会有自己所称的"蓝色"，而不会

图 4.11　莫里哀,《吝啬鬼》第五幕,第三场

在其他人的色谱中找到这个"蓝色"的任何对应。比较我们的主观体验这个想法本身是否真的具有意义？无论如何，这个问题注定没有答案，因为这种个人主观性的本质是无法通过任何讨论、任何问题和任何经验来加以揭示的。误解，如果有的话，是察觉不到的。无论你看到了什么，无论你感觉到了什么，你对世界的感知都是你所独有的。

这种绝对的、没有任何希望的主观性不仅限于颜色。或许味道、声音和气味也是如此。你尝到的咸味可能是别人尝到的甜味，你听到的低沉声音可能是别人耳中的尖利之声，你闻到的玫瑰香气可能是别人鼻中的丁香芬芳。生活也许只是一群各自谈论不同事物的人之间的一种巨大误解。

在这种情况下，与他人交流的可能性并不取决于我们谈论的是相同的事物，而只取决于我们谈论的事物彼此之间具有相同的关系这一事实。或许你眼中的蓝色、红色和紫色和我眼中的蓝色、红色和紫色并不一样，但无论如何，你都会赞同红色和蓝色可以混合出紫色的说法。这样，我们说出的话才能在我们赋予这些话的千百种阐释中为真。这或许才是唯一重要的事情。

我们通常会认为数学的目的就是辨别真假，于是就会陷入一种焦虑。数学是否也会存在绝对的误解？我们是否可以断言，在做几何或算术时，我们确切地知道自己在谈论什么？

在《几何原本》中，欧几里得使用了诸如"点""线"或"圆"之类的词语，或许在看到这些词的时候，你会在脑中描绘出这些词语指称的足够精准的画面。但其他人能否赋予这些词语不同的含义呢？你觉得，人们能否在对所用词语具有不同想法的情况下，谈论几何呢？

没有悬念：答案是肯定的。数学是模棱两可的。数学就像颜色，可能为绝对的主观性所累，而很多理论可以用几种不同的方式来阐释。

在 19 世纪，人们意识到数学可能被误解所累，这一事实既令人感到震惊，又让人深受启发。但最令人惊讶的事情尚未到来。一些果敢的天才不仅没有退缩，而且扭转了局势，把数学的这一弱点变成了优势。科学就像加拿大的森林，有时候需要燃烧才能浴火重生。再没有什么比一场灾难更能激励科学家去探究，并由此创造出新的理论了。

如果说事物具有模糊性，那么就让我们用数学去处理这种模糊。让我们创立一种关于模糊的严谨理论吧，让我们学习如何精确地研究不精确吧。尽管这听起来实在让人惊讶，但第五公设正是通过对含义的"放手"才得到了解决。现在我们明白了，全世界的科学家之所以在两千年中都未能解开第五公设之谜，不是因为他们对欧几里得的几何不够了解，恰恰相反，那是因为他们认为自己对所谈论的对象太过了解。

灾难于是变成了大获全胜。而模糊的理论变成了数学史上最出色、最辉煌的成就之一。

合理地论证，却不知所言何物

1901 年，英国逻辑学家伯特兰·罗素（Bertrand Russell）发表了一篇文章，他在文中写道："数学可以被定义为一门学科，在这门学科中，你永远不知所言为何物，也不知所言之物是否为真。"这一评价既清晰又生动。罗素不仅没有将数学的不确定性视作有害的，而且还字字句句地大声宣告，这恰恰就是数学之所以是数学！

而我们可以相信罗素的话，他知道自己在说什么。罗素对数学的根柢了如指掌。在写下这句话十年后，他与同仁阿尔弗雷德·诺思·怀特海（Alfred North Whitehead）合著了《数学原理》（*Principia Mathematica*），他在书中提出的公理奠定了数学作为一种统一的理论的基础。如果说，欧几里得用五个公设构建了整个几何学，那么罗素和怀特海就把整个数学囊括进了他们的理论中，从几何到代数，从牛顿使用的向量到康托尔集，甚至还有在撰写《数学原理》时尚未定论的理论，比如分形，都可以在两人的理论框架中得以构建。

总之，如果罗素说数学不知自己所言为何物，那么我们可以通过倾听数学的所言之物得到诸多启发。此外，只要仔细想一想，你就会觉得这并不让人感到意外。这场旅途中的一些线索，应该让我们心怀警惕。模糊在数学中扮演关键角色，已有时日。

你应该还记得美索不达米亚的书吏及他们没有零和小数点的体系。他们也不知道自己所言为何物。在写下 $12 \times 8 = 96$ 时，他们说的可能是 $120 \times 8 = 960$ 或 $1200 \times 80 = 96\ 000$，又或是 $0.12 \times 0.8 = 0.096$。模糊已经出现，书吏们不仅没有视之为妨碍，反而加以利用。借助这种模糊，他们理解了乘法的一个基本特性，而这一特性在后来又被纳皮尔及其所有后继者所利用。

数字的概念本身就带有不确切性。我们之前已经说过：自打学者们让数字成为独立于计算对象而存在的虚构实体时起，他们就不再知道自己计算的为何物了。在写下 $2+3=5$ 时，你并不知道这是在加巧克力、千米、书，还是什么都没加。但这个等式是正确的。

阿根廷作家豪尔赫·路易斯·博尔赫斯（Jorge Luis Borges）在1942 年发表的短篇小说《博闻强记的富内斯》（*Funes el memorioso*）中讲述了一个年轻人的故事，这个年轻人因为拥有超群的记忆力，所以无法忽视其他人无法看到或觉得无关紧要的众多细节。超群的记忆力非但没有成为一种优势，反而因为主人公无法意识到自己所见世界的不同之处，很快变成了严重障碍。这个年轻人无法用同一个词来指称不同的事物，他很难接受在某一刻从侧面看到的一条狗和一分钟后从正面看到的一条狗具有相同的名称。博尔赫斯写道：思考，是忘记差异，是概括、抽象。无法忘记的富内斯也就无法思考了。

模糊的关键在于不变的概念。对象各有不同，但由于存在共同点而理应具有相同的名称。情况各有不同，但可能以相同的方式运转。研究这些共同点和运转方式，相当于一下子想到千百种不同的事物，却不知所言为何物。这么做绝非徒劳之举，而是一个丰富的过程，可以引导我们对世界具有全面和深刻的了解。

我们所说的模糊、不精确或模棱两可，实际上有一个我们已经知道的名字：抽象。字词对我们的影响大到令人难以想象。你看，我们之所以不认得"抽象"这个旧相识，只是因为叫法不同。它不应该让我们感到害怕。正是它，自我们开始探索宇宙的内部运转机制以来，就一直支持和陪伴着我们。

抽象这只怪兽比我们到现在为止所能够想象的要强大得多。从一开始，模糊就在那里。模糊不是毫无预兆地冒出来的，它在数学思维的发端就站在了我们面前。然而，学会认清模糊，并意识到模糊王国的规模，还需要很长一段时间。

抽象之于观念就像什锦蔬菜之于蔬菜：一种将多个不同之物集合在统一名称之下的方法。此外，"什锦蔬菜"（macedonia）一词源自希腊半岛东北部的一个地区（即马其顿，Macedonia），那里以多民族混居而闻名。因此，抽象推理的先驱之一——亚里士多德在那里诞生也就不足为奇了。

公元前 4 世纪，在国王腓力二世的推动下，马其顿王国经历了一段繁荣期。腓力二世进行了数次改革，并在公元前 338 年的喀罗尼亚战役中征服了雅典和底比斯，从而成为希腊的统治者。亚里士多德于公元前 384 年出生在斯塔基拉，这是最早被马其顿王国征服的城市之一，位于斯特里蒙湾的海岸。腓力二世对这位学者颇为赞赏，并把自己的儿子，也就是未来的亚历山大大帝托付给他教育。

后来，亚里士多德倾其一生创作了一部令人叹为观止的著作，这部著作产生了巨大的影响。事实上，它的影响太过巨大。亚里士多德的许多错误将被反复教授，在数百年间从未受到过任何质疑。他以地球为宇宙中心的理论在很长一段时间里阻碍了哥白尼、开普勒和伽利略的思想的问世。

在亚里士多德的众多著作中，我们可以特别关注一下《工具论》（*Organon*）。这是一本论述推理和逻辑艺术的文集，尤其阐述了从假设中得出结论的不同规则。这些规则被称为"三段论"。以下是最著名的三段论之一：

凡人皆有一死；

希腊人都是人；

因此，希腊人皆有一死。

你肯定同意这个推理是完全正确的。你也可以通过直观地描述凡人、人和希腊人来说服自己相信这一推理（图 4.12）。

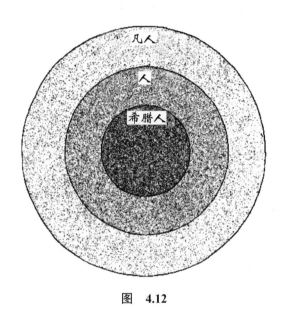

图　4.12

显然，"希腊人"包含在"人"的圈子里，"人"又包含在"凡人"的圈子里，"希腊人"除了也是"凡人"之外别无选择。要理解亚里士多德的推理方法，就必须区分推理的正确性和所陈述事实的正确性。比如，让我们来看看下面这个新的三段论：

所有的哺乳动物都有鳞片；

鹦鹉是哺乳动物；

因此，鹦鹉有鳞片。

这几句话是完全错误的，但推理却是正确的！再仔细看看这三句话，你会发现，最后一句的确是前两句的逻辑结果。要说一个推理是正确的，则意味着其结论在逻辑上是基于其假设的。但是，当然了，如果假设是不确切的，那么结论也是不确切的。

在对三段论的研究中，亚里士多德关注的不是假设的正确性，而是推理的正确性，而后者并不取决于谈论的对象。换句话说：你不一定要知道所言为何物，就能进行正确的推理。上述两个三段论完全可以简化为下面这种形式：

任何玩意儿皆为东西；

家伙皆为玩意儿；

因此，家伙是东西。

你看，这是一个完全正确的推理。你无须知道什么是"玩意儿""东西"和"家伙"，那是多余的信息。无论你赋予这三个词什么意思，如果两个假设都是正确的，那么结论也必然是正确的。而这不仅适用于这个特定的三段论，而且适用于所有有效的推论。

想象一下，有两个人正在看以上推理。对第一个人，我们告诉他"玩意儿 = 人，东西 = 凡人，家伙 = 希腊人"。对第二个人，我们告诉他"玩意儿 = 矩形，东西 = 四边形，家伙 = 正方形"。即使这两个人所说的不是同一件事，但他们都会同意这个三段论的说法。我们面对的就是一个误解（图 4.13）。

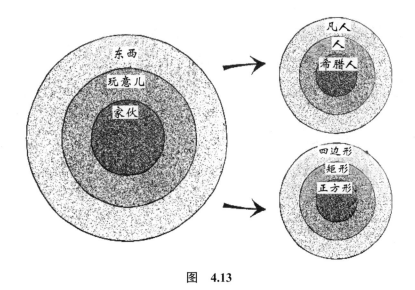

图　4.13

　　现在，让我们回到一个熟悉的例子上：欧几里得的《几何原本》。
书中的五个公设说的是点、线、圆、直角和平行线，但假设一个人为
这些词赋予了不同的含义，他会对此有所察觉吗？根据亚里士多德的
说法，这对证明的正确性不会有任何影响。无论我们对欧几里得所用
的词汇做出怎样的解释，他的论据本身都是正确的。

　　为了很好地理解这个原则，让我们重写一下五个公设，但要用更
为模糊的字眼：

　　1. 从一个东西的任意玩意儿到另一个玩意儿可引且只能引一条家伙；

　　2. 任意有限的家伙可沿这个家伙无限延长；

　　3. 给定任两个玩意儿，可以一个玩意儿为心、到另一个玩意儿为
半径作那啥；

　　4. 所有杂乱都彼此相等；

　　5. 给定一条家伙，通过此家伙外的任何一个玩意儿，有且只有一

条家伙与之平行。

　　你看，我们完全不知道所言为何物了。现在想象一下，一个人为"玩意儿""东西"等词赋予了不同的含义，但在他的阐释中，五个公设仍是正确的。那么，你可以把欧几里得的整本《几何原本》都念给他听，他绝对不会提出任何异议。因为对这个人来说，最初的假设是正确的，既然欧几里得的推理是正确的，那么我们所说的不是同一件事也就无关紧要了，结论在这个人看来是正确的。

　　换句话说，哪怕你对这基本的五个公设有"误解"，也足以继续后面所有的定理及其证明。只要为遵循五个公设的词语找到一种新的阐释，你就可以像几何学家一样放心地在这些公设中引用欧几里得的结论了。

　　任何数学都受到这些潜在误解的影响。它们既令人不安，又异常强大。它们为我们提供了新的视角，从而拓宽了我们的视野。如果有可能以不同的方式去理解欧几里得的用词，那么谁又能知道，这些阐释之一在某一天能否阐明第五公设呢？

飞行员的变形几何

　　在查看世界航空交通图时，你会惊讶地发现，似乎没有一架飞机是沿直线飞行的。大多数飞机沿着朝向两极的曲线轨迹飞行。比如，往返于欧洲和北美的长途航班的航线通常会转向冰岛和格陵兰岛，有时甚至会进入北极圈。即便出发地和目的地处于同一纬度，飞行路线也不会沿着平行线：先向北"爬升"，再向南"下降"（图 4.14）。

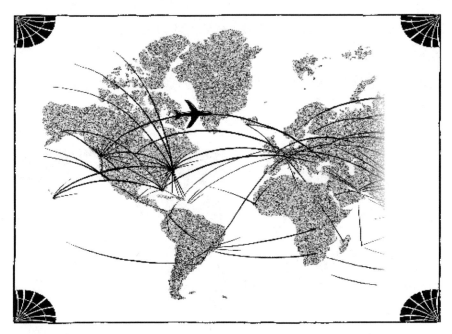

图　4.14

在第一次看到这样的航线图时，我首先想到的是，这肯定是出于务实的考虑。也许这是一个外交或国际空域协议的问题。后来我想了一下，才发现原因比我想象的要更基本。这是一种纯粹的几何偏差，不过是视角的问题。因为这些飞机的确是沿出发地和目的地之间的最短路线飞行的，尽管表面看来并非如此。

平面球形图都是变形的。因为地球是圆的，或者说几乎是圆的，而地图是平的，所以必须扭曲现实才能将地球转换成地图。相等的距离在地球仪上和在地图上可能会有所不同，反之亦然。图 4.14 中的航线图是用墨卡托投影绘制的。在这幅图中，两极附近的区域比赤道附近的区域大。格陵兰岛看上去比美国还大，但实际上前者是后者的1/5。

正是因为这种变形，飞机的飞行轨迹才会呈现弯曲的形态。如果在地球仪上查看这些飞行轨迹，我们会更清楚地看到这些航线是最短的路线。而反过来说，在地图上看起来为直线的航线在地球仪上则突然转了弯（图4.15）。

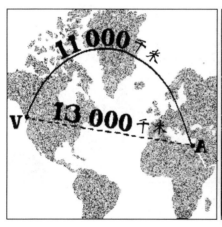

图　4.15

你在花时间去研究这种球面几何时会感到很困惑。例如，要抵达相对靠南的地方，通常需要朝北出发！如图4.15所示，往返于加拿大温哥华和埃及亚历山大港的航班就是这种情况。亚历山大港更靠南，但前往此地的最短路线是先朝北走再南下。

对于寻求对《几何原本》的用词做出新阐释的我们来说，球面几何的这些奇异特性尤其值得关注。如果一名飞行员跟你说，他要沿直线从温哥华飞赴亚历山大港，那么显然，他所说的"直线"一词与欧几里得的意思不一样。对于这位亚历山大港的数学家来说，连接两座城市的直线是一条从地球内部穿过的线，必须在我们的星球上挖一条巨大的隧道，才能沿这条直线而行。飞行员的意思实际上是说，他在顺着地球圆形表面飞行的同时沿着两个城市之间的最短路线飞行。他口中的"直线"实际上是一个圆弧。

这种词汇的模糊性是检验我们歧义理论的天赐之物。既然飞行员所说的直线与《几何原本》的直线含义不同，那么我就会想要知道这种阐释对几何的经典理论有什么影响。如果我们开始把飞机的弯曲路线称为"直线"，五个公设是否还能得到验证？

我们就以第一个公设为例：从任意点到另一点可引且只能引一条直线。这个说法对飞行员来说是否成立？乍一看，你可能会认为成立。任何一架想要从一个城市到另一个城市的飞机似乎都可以通过一条唯一的较短路线来做到这一点。但是，如果你更为精确地思考一下，就可以找到一个反例：如果这两点是对径点，那就行不通（图 4.16）。

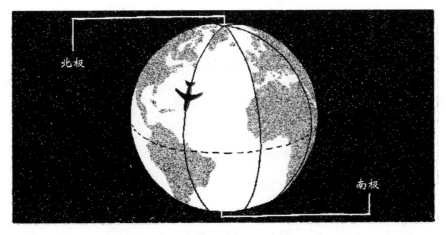

图　4.16

想象一下，一架飞机从北极起飞前往南极。这架飞机前往南极的最短路线是什么？应该朝哪个方向飞？嗯……它可以选择不同的路线。所有的方向对它来说都是相同的，它可以沿着任意一条经线出发，飞行的距离将完全相同。

两极之间的唯一直线是不存在的，而是有很多条直线。第一个公设不成立。

如果继续以球面几何的方式分析，你会发现第二、三、四个公设都成立，而第五公设则不成立。简而言之，在航空领域中无法应用欧几里得的定理，大部分结果不准确。误解一说站不住脚。

其中一个最令人不解的例子是，地球表面不存在正方形。飞机无法沿着具有四条等边和四个直角的轨迹飞行。如果一名飞行员起飞并决定连续进行四次 5000 千米的直线飞行，每两次飞行之间转四分之一圈，那么他就不会降落在起点。反之亦然，如果他想回到起点，他的转弯角度就必须比直角稍大一些（图 4.17）。

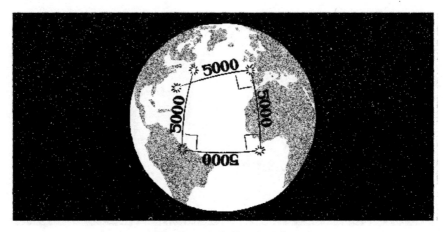

图 4.17　图中单位为千米

　　简而言之，球面几何与《几何原本》中的几何不同。五个公设中
只有三个能够成立。在和某个人进行讨论时，如果你不知道对方所说
的"直线"是出于欧几里得的意义还是出于飞行员的意义，那么你只
要问问这个人是否存在正方形，你们的讨论就能得出结论。如果对方
的回答是肯定的，那他说的就是欧几里得的直线；如果是否定的，那就
是飞行员所说的直线。

　　没有了误解，这个例子就无法让我们解决第五公设。但它会给我
们带来启发。现在，我们就有了一种对几何学做出新阐释的方法：绘制
地图。如果我们想象一些古怪的天体具有和地球截然不同的形状，但
几何学家还是绘制出它们的平面球形图，会发生什么呢？例如，我们
可以尝试绘制鸡蛋、花生或甜甜圈形状的地图（图 4.18）。

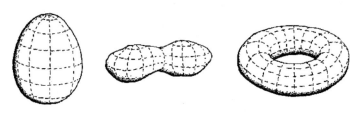

图　4.18

　　这三种图形上的线条都可以被称为直线，因为它们描绘的是飞行员
在这些天体上的最短飞行路线。而如果按照这些图形所示来描述，我们
就可以再次发问：欧几里得的公设会变成什么样子？哎呀呀！在这些例
子中，观察结果会和对球体的观察结果相同：五个公设中只有三个能够
得到验证。它们的几何形状自然引人入胜，研究它们所蕴含的定理也会
特别有趣，但这在第五公设上没有给我们带来任何启发。为了能够继续
向前推进，我们需要第二种想法，为此，我们朝着抽象再迈进一步。

　　那要是我们发明的地图是独立存在的，呈现的并不是三维天体的平面图呢？你只要想象一幅图，在这幅图中，我们根据自己的需要让物体根据其所在位置而或大或小。类似一个虚拟世界，这个世界里的一切都会随着移动而改变大小，

　　1868 年，意大利数学家欧金尼奥·贝尔特拉米（Eugenio Beltrami）发表了一篇名为《常曲率空间的基本理论》（"Teoria fondamentale degli spazii di curvatura costante"）的论文。他在文中详细介绍了各种变形地图的例子，还特别提到一个受扭曲支配的圆盘的例子，这个圆盘让接近其边缘的物体显得越来越小。

　　想象一下，这个圆盘上居住着大小相同且可以在圆盘上随意移动的扁平生物。如果对这些生物的生活状况进行观察，我们就会不断看到靠近中心的生物变大，远离中心的生物缩小（图 4.19）。但要记住，这种扭曲不过是一种地图的错觉。圆盘上的生物丝毫不会觉得自己的大小在改变。飞行员在格陵兰岛上空也不会觉得自己变得更大。

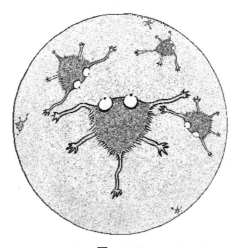

图　4.19

　　这张地图与我们之前看到的那些地图不同，因为它与任何三维图形都不对应。它不是对某个天体的扭曲扁平。它凭借需以其本来面目被接受的扭曲定律而独立存在。

　　这种做法乍看起来似乎很奇怪，但其实和我们已经做过的其他思考颇为相似。回想一下，我们之前接受了数字可独立存在，而不考虑它们是否涉及任何实物的情形。这里的情况是一样的。我们只需研究这个圆盘本身的几何形状，不用去考虑它是否是牵涉真实之物的地图。数学不是物理科学。我们在数学世界里创造想象的世界，而这正是贝尔特拉米所做的。

　　这位意大利数学家并不是第一个设想出这种几何形状的人。在 19 世纪，这种想法风行一时。在他之前，卡尔·高斯（Carl Gauss）、尼古拉·罗巴切夫斯基（Nicolaï Lobatchevski）、亚诺什·鲍耶（János Bolyai），还有波恩哈德·黎曼（Bernhard Riemann），都曾做出过这种设想。但贝尔特拉米设想的圆盘因其简洁的表现形式而成为一个新阶段的标志。它还被很多数学家所采用，尤其是法国数学家亨利·庞加莱（Henri Poincaré），他的研究让这个圆盘广为人知。庞加莱展示了这个圆盘无比美妙的定理，甚至抢走了其缔造者的风头，直到今天，即使在意大利，这个圆盘也被称为 "il disco di Poincaré"，即 "庞加莱圆盘"。

　　我们必须明白，所有这些科学家都不满足于像我们所做的那样，用一个模糊的描述来说明物体似乎在边缘附近收缩。为了能够精确地研究圆盘的几何形状，他们对圆盘的规律做出了严格的数学描述，特别是随位置而变化的大小变化系数 ① 的函数，这样就可以精确地计算变

①　如果你对这个方程感兴趣的话：庞加莱圆盘的半径等于 1，则任意与其中心距离为 r 的对象的角直径都为 $2/(1-r^2)$。

形，测量距离、面积、位移，更可以研究这个世界上一切可能与我们有关的东西。

贝尔特拉米和庞加莱的世界绝对是奇妙无比、包罗万象的，我在此只能为你讲述其中的一小部分。这个世界最惊人的特征之一是：从其居民的角度来看，圆盘是无限的。地图扭曲得如此厉害，以至于它在我们的眼中就像一个简单的圆，一个在现实中没有任何边界的世界。

我们会觉得这个世界里的生物就像被关在一个罐子里，但如果你观察到这些生物朝着你所认为的它们的世界的边缘靠了过来，那么你就会看到它们在飞快地缩小，似乎永远无法抵达那个边缘（图 4.20）。对于它们来说，这个边缘是不存在的。它们自由地生活在一个没有边界的宇宙中。

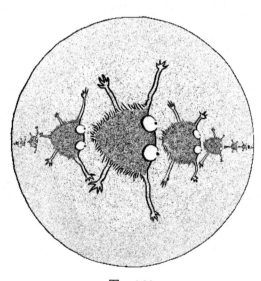

图　4.20

但不要忘记我们的目标。既然我们是来讨论几何的，那么是时候和贝尔特拉米与庞加莱圆盘上的几何学家讨论一下欧几里得的《几何原本》了。这些几何学家会如何解释其中的用词呢？"直线""圆"或"平行线"对他们来说意味着什么呢？

首先，我们可以让这些几何学家在他们的世界里画几条直线。你瞧，他们拿出铅笔和尺子画了下面这个图形（图 4.21）。

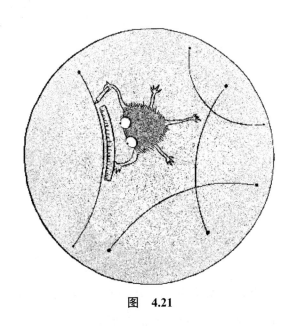

图　4.21

我们大抵预料得到，就像在航线图上一样，他们画的直线在我们看来是弯曲的。由于物体在靠近中心的地方显得较大，因此较短路线朝着这个方向弯曲就是正常的，就像它在我们的平面球形图上朝两极弯曲。经过中心附近的路线比沿着边缘的路线要短。

相反，如果我们在他们的圆盘上画线，从我们的角度去看，这些线就是直线，而他们就会告诉你这些线是弯曲的，而且，并不是从一点到另一点的最短路线（图 4.22）。

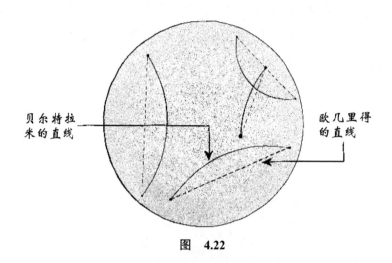

贝尔特拉
米的直线

欧几里得
的直线

图　4.22

　　简而言之，由于"直"这个词在他们和我们看来所指的不是同样的图形，于是我们确实有了一种模糊的含义。因此，我们可以再做一次尝试，并问问这些几何学家对欧几里得的五个公设有什么看法。

　　这一次的开头开得比较好，因为第一个公设在他们的解释中为真。通过圆盘的两个点，确实可以作一条且只能作一条直线。也就是说，这些曲线中只有一条经过两点，而他们把这条线称为直线。继续后面的公设，来自贝尔特拉米圆盘的几何学家会告诉你，他们也同意第二、第三和第四个公设的描述（图 4.23）。

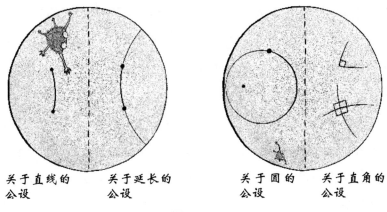

关于直线的　　　关于延长的　　　　　关于圆的　　　关于直角的
公设　　　　　　公设　　　　　　　　公设　　　　　公设

图　4.23

相反，到了第五公设就卡住了。回想一下第五公设是怎么说的："给定一条直线，通过此直线外的任何一点，有且只有一条直线与之平行。"你瞧，圆盘上的居民正做着鬼脸告诉你，这种说法是错的。在它们的世界里，平行的唯一性是不存在的。对于它们来说，给定一条直线和一个点，就有无限条与该直线平行并经过该点的直线（图4.24）。

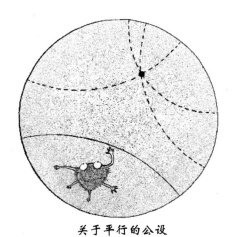

关于平行的公设

图　4.24

所有这些以虚线表示的直线都经过该点，并与给定的直线平行，也就是说，它们与该点不相交。因此，误解似乎就是在这里产生的。第五公设有所不同。这一结论可能再次无法成立，但仔细想想，这种情况或许是一次机会。

记住我们提出的问题：我们想知道是否可以仅根据前四个公设而不需要第五个公设来证明欧几里得的定理。想什么来什么，这恰恰就是贝尔特拉米和庞加莱的圆盘上的生物所处的情况。它们只有前四个公设，没有第五个。

那么想象一下，仅根据这四个公设就可以重写《几何原本》。这样一来，误解就会变得完美。我们可以把重写的《几何原本》念给圆盘几何学家们听，而他们却不会意识到我们在谈论的不是同一件事。相反，如果第五公设对《几何原本》来说是必不可少的，那么欧几里得的定理对他们来说就肯定是错误的。

简而言之，如果四个公设就已足够，那就会有误解。而如果第五公设是必不可少的，就不会有误解。要解开第五公设的谜团，我们只需问自己一个问题：《几何原本》的几何形状和圆盘的几何形状是否可以区分开来？在和一个出身未明的几何学家讨论时，是否可能知道他所说的是欧几里得的几何，还是贝尔特拉米的几何？是否可能对他提出一个根据不同情况答案也会有所不同的问题？

因此，让我们深吸一口气，从《几何原本》中选择一些结论，然后提出问题。一个两千年的悬念即将被揭晓。

问题的解答

好的，我们就以正方形为例。欧几里得的几何学里有正方形，但飞行员的几何学里却没有。那在贝尔特拉米的几何世界里呢？是否存在四条边相等且有四个直角的图形呢？

你瞧，他们拿出直尺和角尺开始画图形。可惜呀，他们的每一次尝试都以失败告终。画出来的图形要么缺一个直角，要么有一条边和其他边不相等，总是在某个地方卡壳（图 4.25）。又试了几次之后，他们不得不面对事实：圆盘中不存在正方形。因此，也不存在误解。因此我们的问题就有了答案。

之所以没有正方形，是因为无法仅凭前四个公设来证明正方形的存在。第五公设必不可少。史上最著名的数学问题就这样产生了。欧几里得的几何学需要它的五个公设，不能没有最后一个公设。

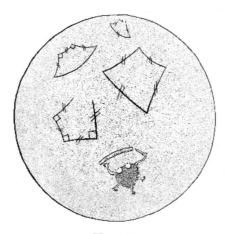

图　4.25

　　请你花点儿时间回顾一下这段论述，细细品味它的力量和精妙之处。你是否意识到，简单的角度转变就能让一个两千多年悬而未决的问题重现生机？为了解决这个问题，只需创造一个想象的世界，这个世界里的几何学家给"直线"这个词赋予的含义与我们的不同。除此以外，没有特别之处。不过是角度的问题。这种证明堪称巧妙、新颖和大胆的巧技。它是人类思想的奇迹。

　　剧情就这样落幕了，如此突然，几乎令人失望。这听起来美好得让人难以置信。第五公设在身后留下了一块空白，一种不安全的感觉。面对这一证明，最难的不是理解它，而是品味它全部的精妙，懂得如何去品味，用构成这一证明的寥寥数语实现简洁明了、摧枯拉朽的优雅。

　　第五公设的证明并非这些因习惯而受到侵蚀的想法。随着时间的流逝，这些想法日渐完善。每当我们回顾这些想法时，它们就会焕发出新的光彩。我对它们从未有过厌倦之情，每当我的思绪停留在它们身上时，我都会激动不已。

　　就这样，我们的大难题解决了。我们可以结束本章的内容了，但既然我们已经走到了这一步，那就让我们再多走一段如何？贝尔特拉米和庞加莱圆盘的几何绝对堪称奇妙，而如果把对它的探索仅仅局限在正方形上，那就太可惜了。

　　一方面，《几何原本》中的很多结论在圆盘的几何中并不成立。用正方形来解释，那么一些经典的定理，比如泰勒斯或毕达哥拉斯的定理，也会被遗忘。但另一方面，很多在欧几里得的几何中无法成立的东西会成为可能。很多新的定理出现了，还有新的图形出现了。

　　比如直角正五边形。这是一些具有五条相等的边和五个直角的图形。在欧氏几何中，正五边形的内角一定是 108°。在圆盘几何中却存在直角五边形，我们甚至可以把这些五边形堆砌起来，也就是用并置的五边形把表面覆盖起来。在厨房和浴室里，我们经常会使用方形瓷砖。而圆盘上的居民则可以使用五边形瓷砖。

通常说来，圆盘上的贴砖工可以提供的产品种类要远远多于人类贴砖工可以提供的产品种类。图 4.26 中展示的是圆盘上的贴砖工产品目录中的一些产品。有正五边形瓷砖，也有内角为 60° 的四边形瓷砖，还有内角为 120° 的七边形瓷砖，以及在欧氏几何中不可能存在的很多组合图形。

看着这些瓷砖镶贴，我们会觉得并非所有瓷砖的形状都一样，但这只是地图扭曲的效果。在你看到的每一个例子中，所有的瓷砖在圆盘居民的眼中都具有相同的大小和形状。

我们越是深入探究贝尔特拉米和庞加莱世界的运转机制，就越会意识到第五公设的缺席给了我们怎样的自由。贝尔特拉米和庞加莱的几何比我们的几何要灵活得多，也丰富得多。瓷砖镶贴的例子令人印象深刻。欧氏几何中只存在三种完全规则的瓷砖 ①：正方形、等边三角形和正六边形（图 4.27）。相反，圆盘中的规则图形则是无限的！

仅第五公设就能阐明圆盘几何。在欧氏几何只有一条平行线的情况中，圆盘几何则有无数条平行线。我们还可以给出圆盘几何中三角形多样性远远胜过欧氏几何中的例子。对于欧几里得而言，所有三角的角度之和都等于 180°。对于贝尔特拉米而言，这个角度之和总是小于 180°，但有可能发生变化。三角形有很多，其角度之和可以是从 0°到 180° 的任意值。简而言之，在各个方面，圆盘几何都要灵活得多，

---

① 也就是说，瓷砖贴面中所有的瓷砖都是一模一样的，它们都是等边等角的。

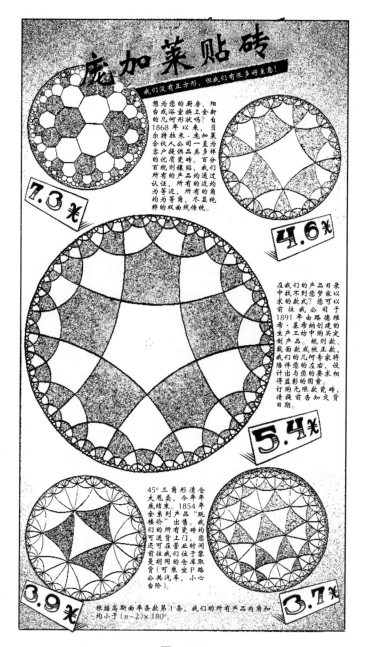

图 4.26

且提供了欧氏几何无法提供的众多可能性。

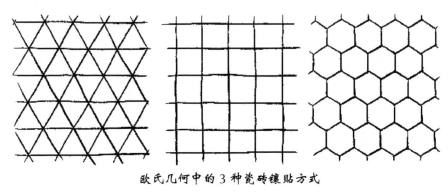

欧氏几何中的 3 种瓷砖镶贴方式

图　4.27

　　但是，仔细想想，我们刚才看到的不同的非欧几何图形，无论是飞行员的图形还是贝尔特拉米的图形，都仍然带有某些欧氏几何的痕迹。在小范围内，我们几乎看不到其中的差异。换句话说，如果你只画很小的几何图形，那么《几何原本》中的定理就会成立。

　　我们再次以球面几何为例。我们的星球是弯曲的，但作为人类，我们对此几乎察觉不到。在我们的日常生活中，地球就像平地一样。只有飞行了数千千米的飞行员才有可能察觉到曲率对他们的几何产生的影响。只要你经过的距离够短，差异就是不可见的。在球面几何中，既没有正方形，也没有长方形，因此从理论上来说，国际足球联合会比赛规则第一条所规定的足球场就是不存在的。地球上不可能存在有四个直角的足球场。但是，就这种足球场的规模而言，偏差已经小到无法察觉。

　　贝尔特拉米和庞加莱圆盘也是如此。当我们把圆盘看作一个整体时，上面的直线在我们眼中就会清晰地显现为曲线。但如果把圆盘放到足够大，曲率就会越来越小（图 4.28）。而且我们越是看小的事物，圆盘居民的感知和我们的感知之间的差异就会越模糊。例如，我们有可能画出和正方形几乎一模一样的图形。这些图形的角度不是恰好 90°，而是 89.9°。

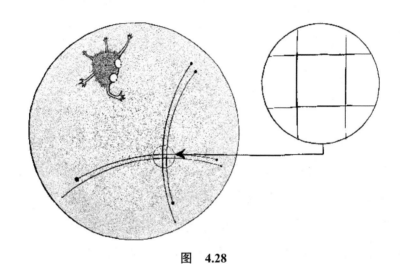

图　4.28

因此，如果圆盘几何学家的测量工具不够精确，他们就很可能会产生身处欧氏几何世界的错觉。他们所在空间的曲率在他们的尺度上可能无法被察觉。他们会言之凿凿地告诉你，在他们的世界里，正方形是存在的，因此第五公设是成立的。

这种思考令人眩晕。怎样才能让它不会反转并与我们对立呢？现在让我们回到"直线"这个词的本义上。它的本义不是飞行员所理解的意思，也不是贝尔特拉米所理解的意思，它真正的意思，是我们所理解的意思，即在本章开篇时我们赋予它的那个意思。你能确定这些直线验证了欧几里得的公设吗？

想象一下，我们真实的宇宙等同于贝尔特拉米和庞加莱圆盘的三维版本。它是一个巨大的球，在这个球里，所有靠近其边缘的物体都会缩小，因此，这个球对其居民而言似乎是无限的。欧氏几何在这个球上就是无法成立的。直线在那里就会是曲线。但是，我们这些被困在浩瀚宇宙中一粒蓝色尘埃上的微小生物对此是无法感知到的。在我们的尺度上，我们将无法察觉到这些被我们称为"直线"的巨大线条的曲率。

或许在我们生活的宇宙中，欧几里得的定理是错误的，但偏差小到用我们最好的测量工具也是肯定测量不到的。有没有可能知晓我们是否真的生活在一个欧氏几何为真的世界里呢？

大多数研究过早期非欧几何学的数学家似乎对这个问题不太关心。对他们来说，这一切不过是与现实无关的抽象数学。解决了第五公设，并创造出这些奇妙的世界，这种成就感就足以让他们感到幸福了。

接下来必须要说的是，当时的他们没有太多怀疑的理由。行之有效的牛顿理论是以欧氏几何为基础的。规模再大的天文测量也从未发现过欧几里得、牛顿和现实之间存在分歧的迹象。简而言之，没有第五公设的几何学美不胜收，但它们只是数学的抽象。对于大部分 19 世纪的科学家来说，我们的宇宙毫无疑问是欧几里得式的宇宙。

后来，在 1905 年，德国物理学期刊《物理年鉴》(*Annalen der Physik*) 刊登了一篇长达 30 页、名为《论动体的电动力学》("Zur Elektrodynamik bewegter Körper") 的文章。这篇论文永远地改变了我们对宇宙、空间和时间的看法。它的作者是一位当时年仅 26 岁的年轻物理学家，名叫阿尔伯特·爱因斯坦。他提出了一种理论：相对论。

第 五 章

空间和时间的深渊

你的速度有多快?

你的速度有多快? 就在这里, 就是现在。

如果你在火车上阅读本书, 你目前的速度可能是 200 千米 / 时。在不同的列车上, 你的速度会快一点儿或慢一点儿。相反, 如果你安静地待在客厅里的沙发上、海滩上或公园里, 你的速度就是 0 千米 / 时。你是静止不动的。

顺便说一句, 即便是后一种情况, 你的 "静止不动" 也具有很大的相对性, 因为你身上有很多的东西在动。你的心脏在跳动, 你的血液在分形网状的血液循环系统中流动, 在主动脉的速度接近 2 千米 / 时。在你的每一个细胞里, 有机分子的一生都在忙于产生身体运转所需的能量、合成蛋白质或筹备下一次的细胞分裂。所有这些分子本身都是由原子构成的, 围绕在这些原子周围的电子以几百万千米 / 时的速度旋转。

简而言之, 构成你这个人的一切都在动。但是, 在构成你身体的元素中, 向左、向右、向上、向下、向前和向后移动的元素数量大致相同, 因此, 所有这些物质的流动是平衡的。这就是为什么, 平均说来, 你是静止不动的。

在你没有意识到的情况下, 你还是一个广袤空间的微小构成部分, 你在这个空间里不停移动。地球自转一周约 24 小时, 你也在跟着地球转。每一天, 你都会绕着地轴进行一次完整的旋转。如果你位于法国本土或加拿大南部的纬度地区, 那就意味着你每 24 小时行进的距离约为 30 000 千米, 或速度约为 1250 千米 / 时。如果你位于赤道, 那么你每天行进的距离就会超过 40 000 千米。钦博拉索火山山顶的旋转速度是约 1670 千米 / 时！

但这座旋转木马并没有就此停住，因为地球绕着太阳转。地球每年以约 107 000 千米 / 时的速度绕着太阳公转，也就是约 30 千米 / 秒！太阳系也不是静止的，而是以约 850 000 千米 / 时的速度绕着银河系的中心旋转。至于银河系，它在由我们宇宙中所有遥远天体构成的大舞台上以超过 2 000 000 千米 / 时的速度移动。

超出这一范围之外的情况，我们就不得而知了，但没有任何迹象表明这张旋转的名单就此结束。我们可见的整个宇宙或许也在以更大的速度移动，穿行在一个我们对其一无所知的无限宇宙中。

这么多运动怎会不让人感到头晕呢？你怎么可能舒舒服服地坐着而不会感觉到这些令人眩晕、拖拽着你旋转的速度呢？为什么我们对此没有任何感觉呢？

这个问题的答案是 1632 年伽利略在他的《关于托勒密和哥白尼两大世界体系的对话》（*Dialogo sopra i due massimi systemi del mondo, tolemaico e copernicano*）中给出的，然后被牛顿在《原理》中用数学方法演示了出来。这一答案可以归纳如下：速度与静止没有区别。一个移动的物体和一个不动的物体之间的区别与两种原色之间的区别具有相同的性质。这是一种任何经验都无法证明的主观感知的差异。

小时候在坐火车时，我有时会站在列车中间的走廊里做跳跃实验。我心想，跳在空中的时候，我就不再和火车有接触了，那么它就不会再带着我一起前进了。因此，当我跳起后短暂停留在空中时，火车会在我周围继续前进。所以，我预期自己不会准确地落在起跳的地方，而是落在略靠后的地方。结果让我很失望。我所有的尝试都以失败告终，而且我从未能以这种方式解开火车的运动之谜。

此外，幸运的是，由于我乘坐的这趟火车以 300 千米 / 时的速度行驶，如果物理定律真如我所想象的那样，那我很可能会被压碎在车厢尽头的卫生间门上，一命呜呼。这还不是最惨的！地球就像任何一列火车，如果我正确的话，那么任何在一生中曾尝试过跳跃的人都会在跳起之后发现自己孤身一人漂浮在星际真空中，而抛弃了他的地球依然继续向前。

我的错误在于，认为自己在跳跃的过程中摆脱了火车的影响，一种绝对的静止控制了我。就好像任何没有发动机或相当的力来维持自身速度的物体都会趋向于自发地停止并达到这种静止状态。这个想法并没有那么荒谬，因为亚里士多德和他所有的门徒在几个世纪中就是这么认为的。但实际情况并非如此。我可以想怎么跳就怎么跳，但现实却让我的理论不断碰壁。

伽利略是第一个对此做出正确描述的人：任何以一定速度抛出的物体，如果没有受到任何外力的阻止，就会一直保持这一速度。在星际真空中抛出一个球，它将会永远沿直线前行，永不减速。显然，在地球上，所有的物体都会停下来，因为处处都有与之相抗的力。如果你在地面上滚动一个球，那么地面和空气的摩擦最终会战胜球的速度。

所以，跳跃丝毫不会妨碍我保持自身的速度。在跳跃中，我继续以与列车完全一样的速度前行，并分毫不差地落在我起跳的地方。实际上，伽利略式的相对论揭示的远远不止这些。如果火车车窗的窗帘被拉开，而我却没有看到窗外风景向后退去，那么任何经验都无法让我知道火车是静止的还是移动的。

好吧，实际情况也不尽然，因为发动机的运转和铁轨的略微不规则会让火车产生不停的颤动。但地球本身不是在铁轨上运行的，而且也不由一台震动的发动机来驱动。它在空间中的运动极为流畅，因此完全无法被察觉。唯一能让我们知道地球在动的方法，就是看向窗外，也就是观察天空和我们相对于其他天体的位置。

在《原理》的开头，牛顿对相对速度和绝对速度的概念进行了区分。他解释说，第一种速度是你基于给定参照对象（比如你在地球上的速度）可以得到的速度，而第二种速度指的是你在宇宙真空里的客观速度。然而，这种区分在书后面的叙述中对他毫无用处，而他描述的所有现象对绝对静止的物体和匀速运动的物体同样有效。根据牛顿的方程，实验能够检测到的只有速度的变化，也就是加速度或减速度。如果我乘坐的列车在我跳起时突然刹车，那么是的，我就会落在起跳点的旁边。

所以，速度的概念是完全主观的，而位置的概念也会因此受到影响。让我们来尝试一个思想实验，看看这只水熊虫 ①（图 5.1），一边看着它一边高声地说"嘟"。

图　5.1

① 水熊虫是一种只有十分之几毫米长且能够在星际真空中生存的动物。因此，接下来的实验对它来说不具任何危险性。

我们的问题是：在你说"嘟"的时候，水熊虫在宇宙的什么地方呢？当然，如果我们以它在书页上的位置为参照，那它就没有动。它一直都在同一个地方，就在这段文字的前一页上。但是，如果考虑到地球的自转，在你阅读本段最后三个句子的时间里，你已经移动了，而在你说"嘟"的时候，水熊虫的位置已经在你当前位置以西约 10 千米的地方了。

如果我们现在考虑到地球的公转、太阳系的运动和银河系的运动，那么我们的水熊虫就会在距此数万千米的地方，在星际真空中。在你合上这本书之前，它可能已经从某个你一无所知的外星生物黏糊糊、形容可怖的长鼻子下面穿过去了，这并非没有可能。

但是，所有这些思考仍然没有回答我们的问题。水熊虫到底在哪里？它的位置不是相对于本书，不是相对于地球，也不是相对于银河系，而是在绝对的意义之上。它在真空中。在说"嘟"的那一刻，你已经凝固了它在空间中的位置。水熊虫没有动，移动的则是它周围的天体。当一切都在运动中，且我们没有任何静止的参照物时，是否有可能确定水熊虫的位置？

根据伽利略的相对论，答案是否定的。绝对静止是无法察觉得到的，因此某个物体的绝对位置也是如此。绝对静止的假设对于喜欢寻找参照点的人类大脑来说当然很好，但对于毫不在乎参照点的自然规律来说，似乎是完全没有必要的。

难道真如牛顿所想，的确存在一个静止且永恒的宇宙剧场，天体在这个剧场中表演着各自的戏码？还是说，宇宙的所有运动都只是相对存在的？如果辨别运动的静止就像辨别蓝色和红色一样难，或许我们应该干脆放弃赋予它们一种绝对意义的做法。运动是相对的。静止是相对的。位置是相对的。绝对速度的概念毫无意义。绝对位置的概念也毫无意义。

现在，你的水熊虫在哪里呢？这个问题，乍看起来似乎很清楚，也提得很恰当。但它并不完整。它没有答案。如果你在给定的一刻定位了空间中的某个点，那么从下一刻开始，宇宙中就没有任何地方可以被称为"同一个地方"了。还记得我们的无限巧克力店吗？我们在那里已经碰到过此类问题，我们以为这些问题是完整的，却缺少一个数据。在这里，我们再次面对同样的情况。我们对此只能回答："看情况。"水熊虫现在在哪里？无处不在，同时也处处不在。如果不明确说明相对于什么，这个问题就没有意义。

那我可要开溜了。再等等，因为在伽利略之后，距离科学家们完全放弃静止还需要一些时间。相对论的原理适用于所有与此有关的实验。但仍有一些现象，其性质是伽利略在宣布他的相对论原理时还不知道的。

光的行为与天体和其他的有形物体完全不同。光是一种我们所说的波，也就是说，它是一种通过振动传播的现象，就像波浪在海面上或声音在大气中的传播。然而，所有常见的波动现象都是在某种东西中传播的。波浪需要水才能存在。声音需要使其分子振动的空气。而光，则在真空中传播。我们在夜里看到的星星就是证明，这些星星的光需要穿越数十亿千米的真空才能到达我们这里。

在 19 世纪，这一观察结果让物理学家们产生了一个想法。要是这个真空没有那么"空"呢？毕竟，我们周围让声音可以传播的空气本身就难以察觉得到。通俗地说，如果一个盒子里除了空气什么都没有，那它就是空的。而如果星际真空也是由一种几乎无法察觉的物质（其振动是光的载体）构成的呢？这种可能存在的物质被命名为"以太"，科学家们于是开始寻找以太。

如果这个以太就是真空的实质，那么它就非常重要，同时也必须是静止的剧场。如果可以以绝对的方式去定义运动，我们就应该以这个以太为参照。因此，想要逃脱误解的魔爪，确定以太是否存在就变得至关重要，如果存在，就要探测它的不运动。

在 1881 年与 1887 年间，物理学家阿尔贝特·迈克耳孙（Albert Michelson）和爱德华·莫雷（Edward Morley）开始了一系列实验，旨在探测我们在空间中朝不同方向移动时的光速变化。地球以 30 千米 / 秒的速度绕太阳公转。但地球的移动方向会根据在轨道上所处的位置而有所不同。因此，它相对于以太的速度就必然发生改变。

想象一下，你正在有风的体育场里绕着赛道骑自行车。你以 15 千米 / 时的速度骑行，风以 20 千米 / 时的速度吹拂。在赛道顶风的路段，风冲着你迎面而来，风的速度与你的速度相加：你感觉到 35 千米 / 时的逆风。相反，在你背风骑行时，你就和风一道前进，风的速度仅比你的速度快 5 千米 / 时（图 5.2）。

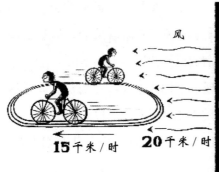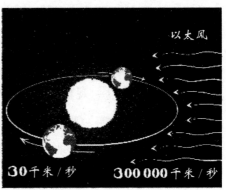

图 5.2

　　自行车就是地球，风就是以太。根据我们是在夏天还是在冬天，地球的行进方向会不一样，因此，感觉到的以太风的强度也会不同。

　　既然以太是光的载体，那么我们就应该能够在光速中检测出差异。这就是迈克耳孙和莫雷尝试去做的事情。

　　光在真空中以 300 000 千米/秒的速度移动①。这远远超过了我们到目前为止讨论过的所有速度。地球以 30 千米/秒的速度绕太阳公转。因此，光速在太阳系的体育场为精确的 300 000 千米/秒，那么当我们迎着以太风的时候，测得的光速是 300 030 千米/秒，而在背着以太风的时候，测得的光速是 299 970 千米/秒。因此，迈克耳孙和莫雷预期在相隔六个月的两次测试之间会发现约 60 千米/秒的差异。

　　最初的结果尚无定论。不得不说的是，测量光速是一项高精度的操作，需要经过完美调试的高精尖工具。在最初的测试中，设备误差太大，以至于无法期望能够检测到 60 千米/秒的这个"小"差异。

　　但是，随着岁月的流逝，他们的测量精度越来越高……但结果保持不变。根本无法检测到丝毫的不同。在任何季节，光都无一例外地以 300 000 千米/秒的速度一闪而过。

　　是时候面对事实了。我们对空间的理解有些不对头。是很不对头。迈克耳孙和莫雷的实验结论不仅没有找到以太，还描述了一种无法理解的现象。任何物体的视速度都必须取决于你观察它的角度。这些并不是高深的物理科学，而是基本常识。如果一列以 100 千米/时的速度行驶的火车从骑行速度为 15 千米/时的你的身旁经过，你就会看到火车以 85 千米/时的速度超过你。而如果你以 80 千米/时的驾驶速度行

---

① 实际速度为 299 792.458 千米/秒，但为简单起见，我将其四舍五入。道理不变。

驶，你就会看到火车以 20 千米 / 时的速度超过你（图 5.3）。

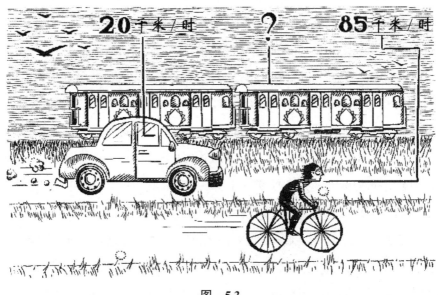

图　5.3

　　想象自行车和汽车看到火车以相同的视速度超过自己似乎很荒谬。但这似乎就是在光身上发生的情况！我们感知到的光速不会随着地球的速度改变。这个发现有违常理！这似乎完全是个悖论，而且无法解释。我们认为迈克耳孙和莫雷在实验中出了错，因为他们得到的结果与牛顿的理论不符。更糟糕的是：这些结果与欧几里得的几何学相矛盾。

　　这本可能是一场灾难。

　　幸运的是，在同一时期，在没有意识到自己所做之事的情况下，一些数学家天真地把玩第五公设，并发明出新的几何图形。

狭义相对论

1905 年 9 月，爱因斯坦发表了《论动体的电动力学》。在这篇论文中，他提出了一个革命性的理论，对我们关于空间和时间的观念提出了深刻的质疑，这就是狭义相对论 ①。

这位德国科学家在文中彻底解决了以太研究者含糊其词的问题。首先，他摧毁了定义静止的那一丝残存的希望。没有以太，速度和位置都是相对的。任何实验，即使是涉及波动现象或其他性质现象的实验，也永远无法区分匀速运动和静止。其次，光总是以 300 000 千米 / 秒的速度前进。

第二点至关重要，因为它以一种完全出人意料的方式解决了迈克耳孙和莫雷提出的问题。当其他研究者试图解释光的这种不变性时，爱因斯坦则干脆地接受了它。对他来说，这不是一个需要理解的现象，而只是我们宇宙几何的一个特征。他不过是把这个特征添加到了公设中。

就像欧几里得以他的五个公设为基础构建了几何学，爱因斯坦也将构建一种新的几何学和新的运动概念，这一概念将作为一种基本真理并入其中："光似乎总是以 300 000 千米 / 秒的速度移动，无论测量者的速度如何。"虽然听起来既奇怪又不可思议，但迈克耳孙和莫雷的实验已经证实了这一点，我们必须反思并接受这个事实。光速是不变的。

---

① 为什么是"狭义"？这个形容词是十年后爱因斯坦用一种更为完整的新理论（广义相对论）重新审视旧文时加上的。我们在后文中还会回到这一点上。

不难看出，这一公设的结果将是非常奇怪的。我们所有关于运动、距离和时间的直觉都将被推翻。幸运的是，有了乘法、海拔、分形和色彩，我们对这个小游戏已经不再那么生疏。我们并非全然无计可施，但也不应低估其中的困难：对空间和时间的重新审视是我们面对的最后也是最大的挑战。一座庞然高峰矗立在我们面前。那是一座科学的钦博拉索火山。要有信心：我们已经做好攀上顶峰的准备。但我们必须保持警惕。

以他的公设为基础，爱因斯坦将通过多重推理和思维实验来理解这种新的几何是如何运作的。最初的结果之一是，这种几何实际上是多重的。距离和时间取决于测量它们的人。更准确地说，是运动造成了这种差异。如果两个科学家相对于彼此是静止的，那他们就会看到同一种几何。相反，如果一个科学家相对于另一个是在移动的，那他们的测量结果就会不一样。

例如，想象一下，一个测量者在探索一颗小行星并测量其长度。经过一番计算，他发现其长度是 150 米。现在，另一个乘着火箭的测量者刚刚从同一颗小行星身旁经过，并进行了测量。后者测量到的长度是 120 米（图 5.4）。

你可能会认为，两人中的一人在计算中出了错。也许那个乘着火箭、处于运动中的测量者成了错觉或测量不准确的受害者。但并非如此！两位科学家都能将设备调至自己所需的精度，他们的测量结果会一直有同样的偏差。测量没有出错。

他们二人的处境与我们在讨论贝尔特拉米和庞加莱圆盘时的处境一样。我们对距离的理解不一样。在我们看来相等的长度，在他们看

来却不一样，反之亦然。只不过是因为存在两种几何学，两种不同的
量度，在客观上没有哪一种更好。

图　5.4

　　狭义相对论的奇妙之处在于，我们的宇宙中不仅存在两种不同的
几何，而且还存在无限。只要两个人以不同的速度行进，他们的几何
就会不一样。如果几枚火箭以不同的速度经过小行星，那么这些火
箭上的几何学家就都会给出不同的结果，而且没有一个结果是错误的
（图 5.5）。

　　狭义相对论与庞加莱圆盘的另一个重要区别是，感知的差异不仅
会影响距离的测量，还会影响时间的测量。处于相对运动中的两个不
同的人，对两个事件相隔时间的感知方式会不一样。

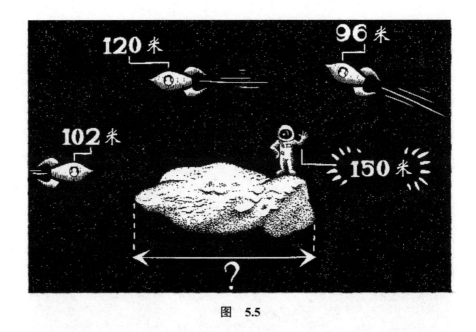

图　5.5

让我们回到那颗小行星上，并假设在同一位置间隔几分钟发生了两次陨石撞击（图 5.6）。

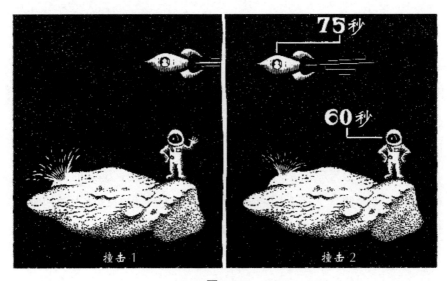

图　5.6

小行星上的测量者看到了这两次撞击，并计时测得两次撞击的间隔时间为 1 分钟。那个在撞击发生时乘坐火箭经过的测量者也进行了观察，并宣布两次撞击的间隔时间为 1 分钟 15 秒。

虽然听起来让人难以置信，但两个测量者又都是对的。火箭经过小行星的速度越快，里面的测量者得到的撞击间隔时间的差异就越大。

简而言之，爱因斯坦所描述的"时空扭曲"可以被简单地概括为：如果你乘坐一艘飞船，并透过舷窗观察掠过眼前的外部世界，那么你行进的速度越快，你观察到的距离就会显得越短，时间就会显得越长。

爱因斯坦在他的相对论中所证明的这些定理，迫使我们进一步摆脱束缚。我们已经放弃了静止和绝对定位。同样，我们也应该放弃同时性。我们无法以一种客观的方式说两个事件同时发生。根据观察者的说法，某些现象可能同时出现，也可能相继出现，这里也一样，没有谁的说法是错误的。只不过因为每个人都有自己的时间几何。

这一切都让人感到异常惊讶，也许有人会认为，这只是科幻小说炮制的谬论。爱因斯坦的观点很有意思，他的理论在数学上是成立的，但谁会相信真实的世界，也就是那个我们身在其中的宇宙，确实是以这种方式在运行呢？这种怀疑是合理的。不仅这一理论显得荒诞十足，而且在此前的几个世纪中，科学界从未发现过这些时间和空间膨胀的丝毫痕迹。

实际上，我们每个人都在移动，步行、骑车、乘坐汽车或火车。我们每天都处在相对于彼此的运动之中，并观察周围的这个世界。那为什么我们看不到这种变形呢？为什么我们在和朋友聊天的时候，从未意识到我们所说的几何并非同一个，时间也不是同一个呢？

爱因斯坦的答案很简单：相对速度越大，空间和时间的变化就越大。在我们缓慢移动时，这些变形是无法察觉的。例如，假设你乘坐的火车以 300 千米 / 时的速度行驶，而你正经过一幢建筑，这幢建筑在一个静止的人眼中长 100 米，但在你眼中却只有 99.999 999 999 999 996 米长。简而言之，这两个长度之间的差异小于一个原子的大小！所以，你丝毫没有察觉到这种差异也就不奇怪了。

但是，如果你乘坐的火车以 283 000 千米 / 秒的速度行驶（图 5.7），也就是大约每秒绕地球 7 圈，那么失真系数就将是 3。

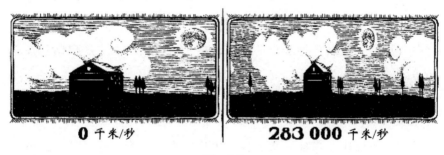

0 千米/秒　　　　　　**283 000 千米/秒**

图　5.7

也就是说，在你看向窗外时，距离看起来变为原来的三分之一，时间也长了 3 倍。同一幢建筑只有 33.33 米长。简言之，以这样的速度移动，几何的变化将不再会难以察觉。

通过这些描述，你现在已经掌握了狭义相对论的基础知识。但是，你仍需要时间才能理解这些观点变化带来的所有后果，以及这些后果对我们关于这个世界的认知意味着什么。

欧氏几何对我们来说是如此亲切和熟悉，巴望着用几页纸的篇幅就能颠覆我们对世界的直觉只是一种不切实际的幻象。毕生致力于研究这个问题的研究者们最终形成了一种相对几何的直觉。渐渐地，他们做到了在思维上游走在不同的速度之间，并从整体上去理解这些观点的一致性。但要做到这一点，所牵涉的不仅是理解的问题，也是习惯的问题。

我们还要做一些思想实验，并找到这种新几何的其他特征，但如果你想要对它了如指掌，那么不要期望有什么灵招妙法，这也需要一个熟能生巧的过程。

在爱因斯坦的理论对我们关于空间和时间的认知所产生的诸多影响中，最具代表性的一个是关于光速的。根据相对论，光速是无法被超越的。无论采用何种方法、动用何种能量，无论从哪个角度去看，在我们的宇宙中，300 000 千米 / 秒的速度是无法被超越的。

但是，这一表述常常具有迷惑性并引起误解。说我们无法超越光速，就好比是在说贝尔特拉米和庞加莱圆盘中的生物无法从圆盘中走出来。这种局限仅在外部观察者的眼中才存在。具体地说，就是无论你走得多快，你总能进一步加速。

想象一下，一个贝尔特拉米圆盘的生物正在接近它所在圆盘的边缘。它走的每一步都会显得比前一步更短，从你的角度来看，你会觉得有一条几何边界阻止了它走得更远。但请记住，从它的角度来看，空间是无限的，它可以不受任何限制地前进。我们认为的不可逾越的边界，在它看来并不真的存在。

在我们的宇宙中，速度的构成也是同样的道理。如果你看见一艘宇宙飞船以 250 000 千米 / 秒的速度经过，飞船的船长完全可能决定把速度提高 100 000 千米 / 秒。在古典几何中，你应该会看到飞船的速度达到 350 000 千米 / 秒；但在相对几何中，你只会看到飞船以 274 000 千米 / 秒的速度经过。从船长的角度来看，速度的提高与从你的角度来看是不一样的 ①。对于保持静止的我们来说，飞船加速得越快，它的速度就越接近光速，但永远不会超过光速。但从飞船的角度来看，飞船永远不会撞上速度的"南墙"，也不会面临在技术层面无法加速的问题。从飞船的角度来看，它的速度总能提高 100 000 千米 / 秒。速度的局限只在外部观察者的眼中才存在。

为了完全理解这一点，我们来做个小实验。想象一下，你想去拜访你的朋友西考拉克斯 ②，他住在银河系另一端的一颗宁静的星球上。银河系的直径是 100 000 光年，也就是说，以光速穿过银河系需要十万年。但是，如果你拥有一艘动力足够强大的飞船，你就可以在三十分钟内赶到那里，和西考拉克斯聊上一两小时的天，然后再以同样的速度赶回来。你离开了几小时，其中包括往返的一小时。

只不过，在你全速行驶的时候，你的时间和待在地球上的人类的时间是不一样的。他们用望远镜会观察到你需要十万年才能达到那里，再用十万年才能回来。在你访友归来时，地球上已经过去了二十万年！

这个实验是由法国物理学家保罗·朗之万（Paul Langevin）在 1911 年首次提出的，通常被称为双胞胎佯谬。如果一对双胞胎被分开，一个留在地球上，另一个踏上飞船之旅，那么后者在回来的时候会比前

---

① 用公式来描述会是这个样子：一艘飞船以速度 v 行驶，如果从船长的角度来看，速度提高了 w，那么从静止的观察者的角度看，飞船的速度就会等于 $(v+w)/(1+vw/c^2)$，其中 c 是光速。当 $v=250\,000$ 千米 / 秒，$w=100\,000$ 千米 / 秒时，可算得飞船的速度是 274 000 千米 / 秒。

② Sycorax，即天卫十七，是天王星的卫星。——译者注

者年轻。这个结果看起来很奇怪，但它实际上并非悖论，而且完全符合相对论的规则。如果你移动的速度够快，你的时间就会不一样。

简言之，如果你想去银河系的另一端喝一杯石榴汁的话，记得在离开前跟大家道个别。而如果你碰巧没有宇宙飞船，也没有跨银河系的朋友，那么还是花点儿时间用地球上的方式打足精神，因为惊喜还没有结束，接下来的内容需要你调动自己所有的神经元。

时空的概念

爱因斯坦的理论是美丽而有效的，但所有这些空间和时间的变形似乎都很随意，且无法理解。直到现在，大自然已经让我们习惯了优雅且容易表述的法则。牛顿的"万物落在万物之上，一刻不停"听起来不错！在这里却恰恰相反，速度引起的几何变形似乎是一种离奇又莫名其妙的难题。

因此，我们不得不承认这一点，因为诸如迈克耳孙和莫雷等物理学家所做的实验证明，相对论给出的结果是与现实相符的。但我们是不是忽略了什么？是另一种表述，还是一种更为优雅的角度？要是我们看待空间和时间问题的方法并非最佳之法呢？

回想一下开普勒。这位德国天文学家第一个发现所有行星围绕太阳运行的轨迹都是椭圆，并以数学的方法详细描述了行星的运动规则。多亏了他的方程，我们才有可能非常精确地计算和预测天体的运动。尽管如此，我们仍有理由想要知道这些椭圆是从哪儿来的。是什么导致这种椭圆形轨道而非简单的圆形轨道自发地出现？

　　牛顿给出了答案。他的引力理论不仅断言轨道是椭圆的，而且还做了计算。对于这位英国科学家来说，这些形状不是公设，而是定理。它们在数学上源自一个更高层面的定律，即引力定律。因此，椭圆就变得更加容易理解了。它们不再是随意的，而是一种美丽、简单且普遍定律的结果：万物落在万物之上，一刻不停。

　　爱因斯坦在 1905 年提出的相对论和开普勒的椭圆有着同样的缺陷。他的方程让我们可以计算一切想要计算的东西，但这些方程似乎具有随意性。我们很难理解为什么这些空间和时间的畸变会是这个样子。我们想对此有更多的了解。

　　这一步将由一位名叫赫尔曼·闵可夫斯基（Hermann Minkowski）的德国数学家来完成。就像牛顿对开普勒定律所做的那样，闵可夫斯基将把爱因斯坦的理论简化为一种更简单、更普遍且更优雅的观点。

　　闵可夫斯基的想法既简单又绝妙。他没有把空间和时间看作两个独立的实体，而是在 1907 年想象它们实际上是同一个概念的两种体现。

　　闵可夫斯基时空跨越了四个维度。你还记得吗？要定位热气球在天空中的位置，我们可以使用三个坐标：它的纬度、经度和高度。这三条信息告诉了我们热气球身在何地，但没有告诉我们它身在何时。为了确定它的时空位置，我们必须添加第四个坐标：时间。

　　一个时空点，就是一个给定时刻的位置。

　　在同一地点可能发生好几件事情，但它们发生在不同的时间。在同一时间也可能发生好几件事情，但它们发生在不同的地点。相反，在一个时空点上不可能发生两件不同的事情。每件事情都是独一无二和确定的。在对水熊虫说"嘟"的时候，你就在宇宙历史上以确定的方式标注了一个时空点。本书的每一位读者都是以这种方式确定了不同的时空点。或许你们中的一些人不知不觉地在同一时间说出了各自的"嘟"。或许你们中的一些人不知不觉地在同一地点说出了各自的"嘟"。但在你的地点和你的时间，你必然是说出自己那个"嘟"的唯一之人。

就像对非欧几何，在你能够流畅地思考时空几何之前，也需要花费时间和获得一定的经验。让我们尝试几个小实验来熟悉它吧。把你的两只手放在面前，两手间隔 50 厘米。现在，两手同时打响指，等待 2 秒，然后再打一次。这样一来，你的两只手就分别打了两次响指，所以你一共打了四次响指。每一次响指都确定了一个时空点。更准确地说，它们构成了一个长 50 厘米、高 2 秒的时空矩形的四个角（图 5.8）。

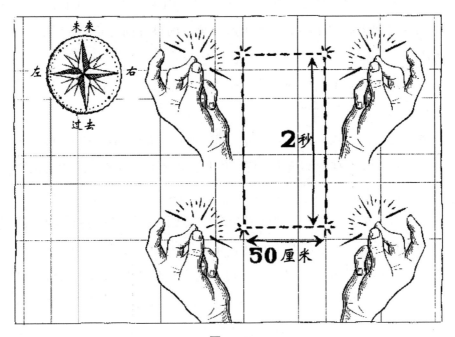

图　5.8

我们在初次看到这个图形时会感到困惑。图 5.8 是一幅我们所说的时空图，需要一定的时间才能看懂。在这幅图中，底部代表过去，顶部代表未来。因此，两次响指之间的 2 秒时长对应的是矩形的垂直高度。图中的每个点都是一个唯一的时空点。在同一水平线上的两个点对应的是在同一时间发生的两个事件。而同一垂直线上的两个点对应的是在同一地点发生的两个事件。

当然，理论上，真正的时空图应该是四维的，但由于书页只有二维，我们就用简化的图，只画出了时间维度和三个空间维度之一。

现在，我要再问一个关于这个矩形的奇怪问题：它的对角线有多长？

这个问题似乎无法凭借先验来回答，因为这条对角线是同时在空间和时间上画出来的。位于矩形对角上的事件同时相隔 50 厘米和 2 秒。

如果这是一个经典的欧几里得矩形，那么就可以用《几何原本》中的结果，比如毕达哥拉斯定理，来计算对角线的长度。但在这里，这种类型的混合成了我们的妨碍。如何把长度和时间加在一起呢？对角线应该用什么样的测量单位呢？用秒？用厘米？还是一个尚未发明的单位？

闵可夫斯基对这个问题的回答是：长度和持续时间是同一概念的两种表现形式，可以将其中一种转化为另一种。规则很简单：1 秒相当于 300 000 千米。我们已经知道，这个数值就是光速。用这个模型，闵可夫斯基赋予了光速新的身份：距离和持续时间之间的转换率。带上 300 000 千米来时空兑换所，我们可以给你转换成 1 秒。反之亦然。

这种对应关系相当疯狂。距离和持续时间是两种截然不同的现象，这是因为，我们在日常生活中对它们的感知方式截然不同，因此很难承认它们是可以相互转换的。然而，这只是一枚硬币的两面。

借助闵可夫斯基的这种转换方式，我们可以把矩形边上 2 秒转换成 600 000 千米（图 5.9）。

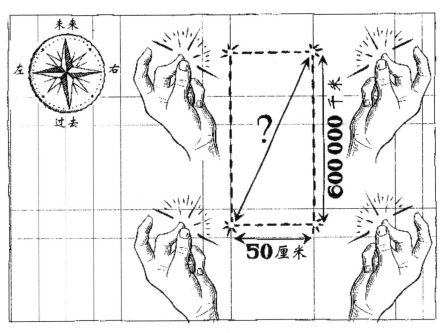

图　5.9

当然，这幅图没有按照比例绘制。时间边的值是地月距离的 1.5 倍还多。但不要紧，现在所有的长度都可以兼容，并可以使用欧几里得的定理。然后，我们发现对角线的值相当于 599 999.999 999 999 8 千米。显然，这个矩形如此狭长，它的对角线几乎和它的长边一样长。在我们日常能做的所有运动中，时间成分在很大程度上主导了空间成分。

我们的速度必须非常快才能改变这种状况。

老实说，我们用来求得这条对角线长度的并不完全是一条欧几里得定理。因为在对时空的描述中，闵可夫斯基还规定了另一件事：时间相对于距离的计算必须加上一个负号。这个想法与海平面以下的负海拔颇为相似。即使时间可以转换成距离，但两者的性质仍保持不同的指向。这就是我们这个矩形的对角线比边要短的原因。在真正的欧氏几何中，矩形的对角线总会比边长。但除了这个细节，闵氏几何的工作原理与欧氏几何的并无二致。

好了，大部分工作已完成。现在我们知道了什么是闵可夫斯基时空，一切都已准备就绪，爱因斯坦的理论可以用一种简单而优雅的方式来表述了。就像引力理论所说的："万物落在万物之上，一刻不停。"相对论现在也可以说："万物以光速前进，一刻不停。"

你在第一次看到这句话时，可能会觉得它非常奇怪，甚至错得离谱。你可能不觉得自己现在正以光速前进。但当牛顿告诉我们月球正在掉落时，我们也有同样的感觉。一开始这似乎是错误的，直到我们理解了引力理论的含义。同样，只要我们花时间去理解狭义相对论的含义，它就可以简单地陈述为"万物以光速前进，一刻不停"。

我们就以你为例。当你读到这几行文字的时候，你就正在时空中移动。即使你在空间中是静止的，你在时间中也必然是移动的。你目前正在朝着未来的方向移动。

更准确地说，我们可以计算出你的速度。每过 1 秒，你就向未来迈进了 1 秒。这样说可能听起来很傻，但如果我们应用闵可夫斯基的转换法，这就会意味着你的移动速度是 300 000 千米 / 秒。简而言之，你是真真切切地在以光速移动。

这不仅适用于你。构成宇宙的所有物质都在时空中以 300 000 千米 / 秒的速度疾驰。就像迈克耳孙和莫雷在四季中以同样的速度一闪而过，一切都在以 300 000 千米 / 秒的速度进行，对于每个人来说莫不如此。我们的巡航控制系统无可救药地卡壳了。我们既不能减速，也不能加速。也正是因为如此，空间和时间才会发生扭曲。

为了很好地理解这一点，让我们来打个比方。想象一下，一艘船在海面上以 10 千米 / 时的速度向东行驶。再想象一下，这艘船的发动机卡壳了，导致它既不能加速也不能减速。1 小时后，它因此向东行驶了 10 千米 (图 5.10)。

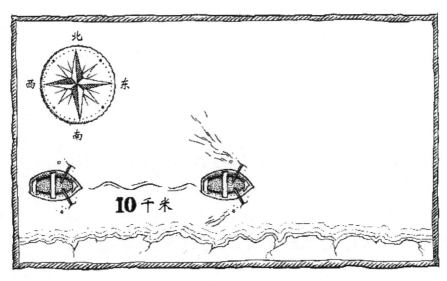

图　5.10

现在，假设船长开始转舵，使船的航行方向略微偏北，并继续朝这个方向航行了 1 小时 (图 5.11)。

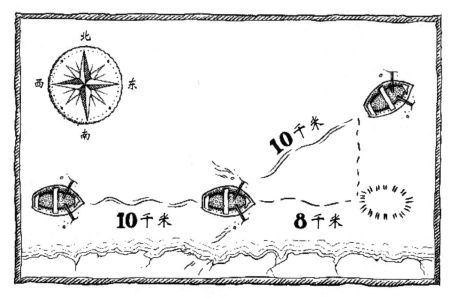

图 5.11

由于船的速度受到阻滞，因此在第二个小时里，船会再行驶 10 千米。只不过，这一次，它并没有向东移动 10 千米，而是只移动了 8 千米。向北偏移是移动距离减少的原因。在行驶的 10 千米中，有一部分是向北行驶的，这就减慢了船向东行驶的速度。

如果你已经明白了这一点，那么现在只需再做一次同样的实验，但是在闵可夫斯基时空里做。我们之前所说的船的东面，现在被我们叫作未来。想象一下，一枚火箭在一个星球上保持静止不动 1 小时。它只朝着未来移动，那么它的时空图就会是这个样子（图 5.12）。

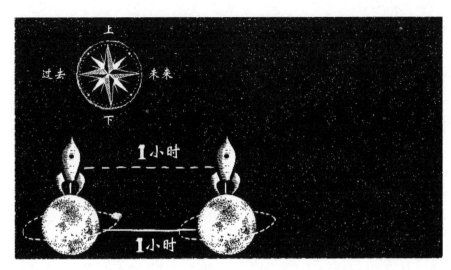

图　5.12

假设火箭随后决定起飞，并以恒定的速度爬升 1 小时（图 5.13）。

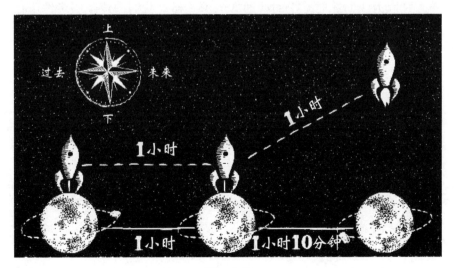

图　5.13

按照闵可夫斯基的理论，火箭的速度没有改变。它仍以 300 000 千米 / 秒的速度前进。但在决定起飞时，火箭的真实时空速度的一部分专门用于它在空间的运动。而它朝向未来的速度也就不可避免地发生了改变。这就是火箭的时间似乎膨胀了的原因。因此，在爱因斯坦的理论中，持续时间对于每个人来说都是不一样的。通过移动，你改变了自己朝着未来前进的速度。因此，从火箭的角度来看，它的飞行时间只有 1 小时，但对于追随其轨迹的地球居民来说，它的飞行路程持续的时间会更长 ①。

这种现象正是狭义相对论方程所描述的现象。回想一下：你可以在 30 分钟内穿越银河系，但你的旅程对留在地球上的人来说将会持续十万年。

简而言之，我们在移动时之所以对距离和时间的感知方式不一样，是因为我们在时空中的移动方向不一样。我们的速度始终停留在 300 000 千米 / 秒，一旦决定在空间中移动，我们就会改变自己的方向。于是，我们就是在以一个新的角度去观察时空。

原理和我们绘制的二维假立方体是一样的（图 5.14）。

一个立方体是由六个正方形面组成的，但请你从二维视角去观察这些正方形的形状。好几个正方形都发生了扁平化和变形，因为我们是从不同的角度去看它们的。根据描绘立方体的不同角度，同一个面就可能呈现出不同的形状和大小。这就是我们在运动中发生的情况。我们观察世界的角度发生了变化。时空在不同的角度下呈现在我们眼

---

① 站在地球的角度来看，你可能期望持续时间会更短，就像前一个例子中船只向东行驶的距离更短一样。但回想一下，在闵可夫斯基几何中，时间的运作方式是反过来的。对于地球上的居民来说，火箭的行程将需要一个多小时。

前。距离和时间因为视角而发生了膨胀。

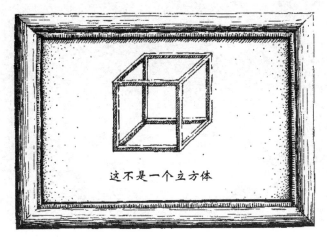

这不是一个立方体

图　5.14

　　但如果我们从整体上去看，那么一切就都没有发生扭曲。如果我们以四维而不是透视的角度去看待时空，一切就会恢复原状。这就是闵可夫斯基模型的厉害之处。两个时空点之间的距离保持不变。无论从哪个角度看，这个距离都是一样的。

　　好吧，让我们回到那颗小行星上。想象一下，几位物理学家乘坐火箭以不同的速度前进，他们都观察到了那两次陨石撞击（图 5.15）。

　　如果你向每一位物理学家询问两次撞击之间的距离，每个人都会给你一个不同的答案。如果你问他们两次撞击之间相隔了多长时间，那么没有人会给出相同的答案。但是，如果你现在要求他们各自用自己的测量结果、用欧氏定理和闵氏转换法去计算两次撞击的时空距离，那么所有的物理学家都会宣布同一个结果！

图　5.15

　　这就是闵氏版狭义相对论的强大和优雅之处。以恰当的角度去看，即使乍看起来最复杂的理论也会突然间变得简单，这总能让人感到不可思议。当然了，这需要经过一个抽象的步骤，你必须花时间以四维角度去想象时空。但是，一旦做出了这样的努力，就可以用一句简单明了又令人目瞪口呆的话来概括有史以来最惊人的科学理论之一：万物以光速前进，一刻不停！这真是一件令人欢欣雀跃的事情。

　　闵可夫斯基的时空是抽象的，但它是多么美丽啊！想想看，这个时空里的一切在概念上是多么简单和流畅。在爱因斯坦的阐释中，每个人都以各自的速度前进，根据各自的几何、长度和持续时间去看待世界。而在闵可夫斯基的世界里，一切都以同样的速度前进，每个人看到的都是同样的几何，只是视角发生了变化。

　　习惯这些想法，并学会在心理上自如地应对这些描绘是需要时间的。如果你想让自己的理解更进一步，那么你仍需要漫长而令人陶醉的时间在最微小的细节中去揭开这个时空之谜。但这个故事最令人不可思议的地方就是，要记住我们刚才所说的一切都是关于现实世界的。我们所说的不是数学家们某种牵强附会的理论。一个多世纪以来，这些结果已经得到大量实验的测试和验证。我们的世界确实就是这样运转的。

在一个晴朗无云的夜晚，抬起你的双眼凝望星辰。在表面静止的背后，所有的星辰都在以令人目眩的速度彼此相对移动。如果说行星围绕这些恒星旋转，那么或许这些恒星上面也居住着像你一样凝望天空的天文学家小人。所有这些奇怪的科学家都对空间有着不同的认识。他们都有着自己的时间概念。但所有人都在以 300 000 千米 / 秒的速度在四维时空中穿行，没有例外。

$E = mc^2$

欧洲议会 2011 年 10 月 25 日颁布的第 1169/2011 号条例规定了食品标签的准则。这一条例强制要求食品供应商标示营养声明，你在购买的所有包装食品上都能够看到包含营养信息的那个小标签。标签上的几行字详细列出了脂肪、碳水化合物、纤维、蛋白质和盐的含量。你以前肯定已经看见过这种标签，但如果你对此毫无印象，那么只需在你的厨房里看一看，或是到超市里转一圈，你就知道那是什么了 ①。

---

① 你可以借机看到这些标签上的数字显然遵循了本福特定律。

当列出的不同元素最终进入你的消化系统时，它们将发生一连串的化学反应，并为你的身体提供能量，比如，这些能量将用于让你的肌肉运动起来，或是让你的体温保持在37℃。食物中所含的总能量值是可以计算出来的，这个值就标示在营养成分表的第一行（图5.16）。这个值以千卡（kcal）或千焦（kJ）为单位。注意，这两个单位可以相互转换：1千卡相当于4.2千焦。这只是能量的两个单位，就像时间的秒和分一样。

营养成分	
能量	359千焦 / 85千卡
脂肪	0.8克
碳水化合物	11克
食物纤维	5.9克
蛋白质	5.6克
盐	0.42克

图 5.16

老实说，卡路里是个古老的单位，现在已经被科学家们弃用。科学家们现在只使用焦耳。但由于单位的使用不总会遵循物理学家的建议，因此卡路里在营养学中仍被广泛使用，所以这两个单位一般都被标示在营养成分表中。你可能还知道其他的能量单位，比如出现在你的电费或燃气费账单上的千瓦时。1千瓦时相当于3 600 000焦耳。马力时已经不再使用，但仍有迹可循，比如20世纪60年代的一款标志性汽车的名字：雪铁龙2 CV（2马力时）[①]。1马力时相当于260万焦耳。

① CV 为法语表述。——译者注

　　所有这些单位都适用于不同的情况，但它们都承载着同一个物理概念：能量。在日常用语中，我们往往会以一种较为模糊的方式使用这个词语。但在科学中，它是一个可以通过数学方程计算得出的精确量。例如，食品供应商可以在包装盒上注明你通过消化他们的产品可以获得的化学能量，而你的电力供应商则可以精确地收取你所消耗的电能的费用。

　　我们在日常生活中使用的很多机器，除了将一种形式的能量转换为另一种形式的能量，通常就没有其他功能了。比如电暖器会将电能转换成热能。汽车的发动机会将燃料中的化学能转换成动能。

　　但是，物理学家之所以如此青睐能量，首先是因为能量是宇宙的至高不变量。无论你做什么，一个系统的整体能量都将保持不变。

　　太阳以光辐射的形式释放能量。当这种能量到达地球时，其中一部分会通过加热我们的大气层转化成热能。然后，温差将产生风，也就是一种动能。而你只要在风吹过的地方放置一台风力发电机，就可以将一部分动能转化为电能，然后用你选择的机器再次进行能量转化。但令人难以置信的是，无论如何，在这一连串的转化中，没有 1 焦耳被产生或被摧毁。能量总量始终保持不变。正是这种不变性使能量成为物理科学中最有用和最强大的概念之一。

　　而由于狭义相对论主要围绕速度的概念构建而成，因此对爱因斯坦而言，了解在他的理论中动能发生了什么是至关重要的。一个运动的物体包含了多少动能[①]？要回答这个问题，我们将不得不绕点儿弯路。

[①]　法语原文为 énergie cinétique，形容词 cinétique（运动的，动的，动力的）源自希腊语 κινητικός（kinêtikos），意思是 "运动"。其词根在 "电影"（cinéma）这个词中也可以看到，意为运动的图像。

在十来岁的时候，我如饥似渴地阅读了在多媒体图书馆里能够找
到的谜题书。有一天，我发现了一本谜题书，它后来在我脑中萦绕了
很长一段时间，而且当时我并不知道这本书有一天会帮助我理解有史
以来最著名的公式。你已经知道这个公式了。在阅读了本书的前几页
之后，你是否抽出时间思考了一下这个公式呢？

如果 4 只母鸡在 4 天内下了 4 个蛋，那么 8 只母鸡在 8 天内会下
多少个蛋呢？

你会不假思索地回答 8 个，这很自然。谜面的陈述方式会让你想
到 4-4-4 的模式在逻辑上应该重复为 8-8-8。但我们能否正确地证
明其合理性呢？经过一番思考，我意识到自己的第一直觉有些不可靠。
但我花了相当长的时间才发现自己的错误，并找到解读这个问题的正
确方法。现在，我想我已经解决了这个问题。

如果你把母鸡的数量增加一倍，那么得到的鸡蛋数量应该增加一
倍。如果你把产蛋的时间也增加一倍，那么得到的鸡蛋数量也应该增
加一倍。然而，在这个谜题中，两个增加一倍是同时发生的。谜面中
同时有两倍的母鸡和两倍的天数。因此，鸡蛋的数量就是原数量的 2
个两倍，也就是乘以 4。答案是 4×4，即 16 个鸡蛋。

几年后，在我考驾照的时候，一个奇怪的发现让我想到了那些下
蛋的母鸡。我在驾驶课上得知，当汽车的速度增加一倍时，其制动距
离会增加为原来的 4 倍。因此，如果一辆以 50 千米 / 时行驶的汽车需
要 25 米的距离才能停住，那么以 100 千米 / 时的速度行驶的汽车就需

要其 4 倍的距离，也就是 100 米才能停住。而如果一辆汽车以 200 千米 / 时的速度行驶，则再需要 4 倍的距离才能停住，也就是 400 米。

　　在我的驾驶手册里，我发现了下面这幅图（图 5.17）。

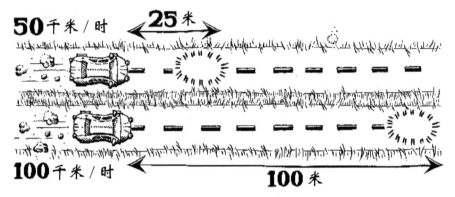

图　5.17

　　这条规则曾让我感到困惑。老实说，它违背了我的直觉。如果在得到答案之前被问到这个问题，我几乎可以肯定自己会给出错误的答案。我只会回答说，当速度增加一倍时，制动距离也必然增加一倍。在那一刻，那些母鸡又浮现在我的脑海中。当两个不同的参数作用于同一个结果时，如果这两个参数分别增加一倍，那么结果就会是原来的 4 倍。

　　汽车行驶的距离取决于两件事：它的行驶速度和行驶时间。如果你以两倍的速度行驶两倍的时间，你就会行驶 4 倍的路程。制动距离就属于这种情况。如果一辆汽车出发时的速度是 100 千米 / 时，那么它所需的停车时间就将是以 50 千米 / 时的速度行驶时停车时间的两倍。在此期间，它的平均速度增加了一倍。因此，制动距离是原来的 4 倍就完全合乎逻辑了。换句话说，速度以两种不同的方式使距离加倍。

对汽车制动距离的研究很有意思，因为它恰好与动能相对应。制动距离变长为原来的 4 倍，就相当于行驶起来的汽车含有 4 倍的能量。

还应注意的是，制动距离取决于另一个参数：质量。如果你通过使汽车的质量增加一倍而令其超载，那么你的汽车就会需要两倍的时间才能停住。换句话说，动能也与质量成正比。在相同的速度下，两倍重的物体包含两倍的能量。

在数学的语言中，这些思考可以概括成下面的公式：

$$能量 \propto 质量 \times 速度 \times 速度$$

其中，符号 $\propto$ 表示比例。仔细看看这个公式，你可以清楚地发现，如果你把质量增加一倍，能量就增加一倍；而如果你把速度增加一倍，能量就增加两次一倍，从而增加为原来的 4 倍[①]。

还有更简洁的方式，可以用字母 E 来表示能量，用 m 表示质量，用 v 表示速度。速度翻倍可以缩写为 v^2，读作"v 的平方"。我们的公式改写如下：

$$E \propto mv^2$$

现在，如果我们在狭义相对论的框架内去阐释它，会发生什么呢？我们知道，在闵可夫斯基的时空里，一切都以 300 000 千米 / 秒的

---

① 例如，质量为 10 千克，速度为 50 千米 / 时，由公式"质量 × 速度 × 速度"就可得出 $10 \times 50 \times 50 = 25\ 000$。而如果速度为 100 千米 / 时，就会得到 $10 \times 100 \times 100 = 100\ 000$，即增加为原来的 4 倍。

速度前进。在公式中，这个速度通常用字母 c 来表示。因此，一个以光速在时空中飞驰的物体所包含的能量就与 $m×c×c$ 成正比，即 mc^2。

$$E \propto mc^2$$

这开始看起来眼熟了，不是吗？只是还有一个细节需要改变。成比例，不错，但等式就更好了。

想象一下，在一份食谱里，1 个鸡蛋需要 100 克面粉。如果你想准备更多的食物，你就需要保持这个比例。例如，你可以将数量增加一倍，2 个鸡蛋用 200 克面粉。简而言之，鸡蛋和面粉是成比例的：鸡蛋 $\propto$ 面粉。

为了将其转化为等式，我们需要找到所谓的比例系数。而在这种情况下就很简单了：你需要的面粉克数是鸡蛋个数的 100 倍。因此我们就会得到：$100 ×$ 鸡蛋 $=$ 面粉（图 5.18）。

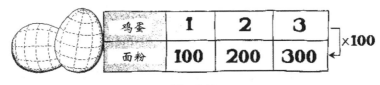

图　5.18

但这个等式有几分诡异之处，那就是，它们不会相对于单位的变化而保持不变。例如，如果你决定用千克而不是克来计量面粉，那么每个鸡蛋就需要 0.1 千克的面粉。因此公式就会变成：$0.1 ×$ 鸡蛋 $=$ 面粉。

同样的事情也会发生在我们的公式 $E \propto mc^2$ 中。要把它变成等式，就必须首先选择单位。例如，如果质量以千克为单位，速度以米 / 秒为单位，能量以卡路里为单位，那么比例系数就等于 4.2。因此，我们就会得到：

$$E = 4.2 \times mc^2$$

但这个系数并不令人十分满意。因为它不是一个整数。那么，既然可以选择，科学家们一般更愿意使用能够给出漂亮等式的单位。这就是为什么他们弃用了卡路里而改用焦耳。1 焦耳等于 4.2 卡路里。用焦耳来计量能量，比例系数就变成了 1。我们就得到了 $E = 1 \times mc^2$。或者更简单：

$$E = mc^2$$

漂亮的方程就出现了！这或许是有史以来最著名的方程。构成它的五个小符号已经成了相对论的标志，甚至已经成了广义科学的标志。我们无法回避它。很少有人理解它，但人人都知道它。它本身就是对爱因斯坦和有史以来他之前所有科学家的天才的再现。走过了多少漫长的道路，经历了多少考问，耗费了多少集体智慧才最终得到这个等式，它如此简洁，如此优雅，如此强大！方程中的明星：$E = mc^2$。

你已经开始熟悉它了：一个方程在理论上被发现之后，仍有待于现实的评判。眼下，$E = mc^2$ 还只是一个理论方程，属于数学世界。但是否有可能证明它真实存在？换句话说，是否有可能用它做实验，比如将它转化为另一种形式的能量？

乍一看，答案是否定的，原因很简单：在闵可夫斯基的时空中无法改变速度。这是闵可夫斯基的黄金法则：一切都注定要保持光速。因此，不可能像一辆刹车的汽车那样以某种方式来回收其能量。

但希望仍在，因为在 $E = mc^2$ 中，能量取决于两个要素：速度和质量。在动能的经典方法中，质量是不变的，而速度可以变化。如果我们反其道而行之呢？既然速度变得恒定，我们是否可以认为质量是可变的呢？如果我们不把它作为动能的方程，而是决定改变视角，把它解读为质能的方程呢？是否有可能将一个物体的部分质量转化为纯能量呢？

这个想法一开始可能显得有些牵强，因为到目前为止，还没有任何物理实验发现过进行这种操作的丝毫可能性。但是，宇宙再一次出人意表。

1938 年，莉泽·迈特纳（Lise Meitner）和奥托·哈恩（Otto Hahn）成功地进行了一项新实验：铀原子的裂变（图 5.19）。铀，是我们在自然界中发现的最重的元素之一，通过用名为中子的粒子轰击铀，迈特纳和哈恩成功地将其原子分成了几块。随后，他们获得了其他更小的原子：钡和氪。但有一个问题：钡和氪加起来的重量小于初始的铀的质量。缺失的质量去哪儿了呢？

有了爱因斯坦的方程，答案似乎就在眼前：那部分缺失的质量转化成了能量。经过验证，情况确实如此。通过用 $E=mc^2$ 来计算，缺失质量的量刚好等于裂变释放的能量。能量的大家庭又添新丁：除了你早餐中的卡路里和你电表上的千瓦时，现在还得加上所有物体都包含的质能。

这种能量绝对是巨大的。你还记得闵可夫斯基在时间和距离之间的不成比例的转换吗？ 1 秒 =300 000 000 米。而这里的情况更甚。因为能量和质量之间的交换率等于 c^2，即 90 000 000 000 000 000。1 千克可以转换为 900 亿焦耳！如果你的肠道有能力消化可以回收这一能量的质量的话，你只要吃下 3 毫克的物质就能拥有一生所需的全部能量！

图 5.19   莉泽·迈特纳（凯撒·威廉研究所）

现今的技术还无法让我们抽取出一个物体的全部质能直到令其消失。但赖于核裂变等现象的存在，我们可以回收其中的一小部分，这已经很多了。这就是核电站产生能量的方式。你所消耗的电能是一个由爱因斯坦的方程转换的质量。

奥托·哈恩因发现裂变在 1944 年获得了诺贝尔奖，但莉泽·迈特纳却没有。为什么？这位女物理学家可是在解释实验结果上起到了决定性作用。她的遭遇被认为是在男性占主导地位的环境中女科学家遭受不公对待的最突出的例子之一。但是，她将以另一种方式流芳百世。核物理学的进步让科学家发现了新的原子，甚至比铀原子还重，其中一个原子在 1997 年被命名为"𨰾"。

广义相对论

19 世纪末，牛顿的引力理论刚刚取得两个世纪的成功。就连他明显的错误都变成了成就。回想一下于尔班·勒威耶的故事。为了解释理论与天王星观测轨迹之间的差异，他提出了一个存在尚未有人看到的第八颗行星的假设。他计算出这颗行星的假设位置，从而发现了海王星。

但勒威耶并不打算就此罢休。在 19 世纪 40 年代，这位天文学家注意到，距离太阳最近的水星，其轨道的理论与观测结果之间也具有轻微差异。这一差异非常微小，如果行星的轨迹可以被缩小到一个足球场的大小，那么这个差异就大约为每世纪 1 厘米！但是，计算已经在考虑到所有已知参数的情况下完成并反复进行，且无论这一差异有多小，都无法用测量的不准确或计算的错误来解释它。勒威耶忽略了什么东西，他决心找出是什么。

几位科学家在同一时间开始寻求解释。比如美国人西蒙·纽科姆[1]，他提议对牛顿的方程进行略微的修改，但没有得出任何定论。另外，于尔班·勒威耶选择了一种对他来说已经行之有效的方法：寻找一颗新行星。他假定太阳和水星之间存在一个未知的天体，其引力将是产生这一差异的原因。在成功发现海王星之后，这一假说引发了新一轮的热潮，很多天文学家开始寻找第九颗行星。

1859 年，勒威耶收到一封信，这封信让他期望成真。一位名叫埃德蒙·勒卡尔博尔（Edmond Lescarbault）的业余天文学家发现了一个从太阳前面经过的小斑点，其特征与人们所寻找的天体极为相似。勒威耶在 1860 年 1 月 2 日向法国科学院宣布了这一发现，勒卡尔博尔被授予法国荣誉军团勋章，这颗全新的行星被命名为"火神星"（又称"祝融星"）。

于是，勒威耶发起了一项研究计划，并动员了天文学家团体，试图尽可能多地收集关于火神星的信息。在随后的几年中，出现了一些类似于勒卡尔博尔的观察的观察报告，但结果并不明确，有些还相互矛盾。最终，人们不禁纳闷：或许太阳和水星之间并没有几个绕轨道运行的小天体。若干年过去了，研究工作陷入困境，研究者没有得出任何明确的结果。在 1877 年勒威耶去世时，人们依然没有找到火神星存在的绝对证据。在没有新证据的情况下，科学家们逐渐对这个问题失去了兴趣。

---

[1] 你还记得他吗？就是他在理论上计算出本福特定律，比本福特本人早了 60 年。

20 世纪初，我们仍然不清楚为什么水星的轨迹与牛顿的预测不符。即使是 1905 年的狭义相对论也没有给这场辩论带来任何新的内容，但爱因斯坦并没有发表定论。从 1907 年起，他开始潜心发展一个新的理论，并在 1915 年提出了这一理论的最终形式。一个旨在取代牛顿理论的引力理论，一个将决定火神星命运的理论，那就是广义相对论。

爱因斯坦的想法往往相当激进。这位德国物理学家不是一个喜欢修补蹩脚理论的人。在出现问题时，他就将一切夷为平地，以便重建其他东西。就像光速的问题，爱因斯坦将通过改变几何来彻底改变引力。他的假设很简单，但很强大：我们生活在非欧几何中会是怎样一番情形？在这样一种变形几何中，《几何原本》和《原理》中的定理将不会完全为真。这样一来，水星轨道的问题就可以简单地解释为我们基于错误的定理进行了计算！

对于牛顿而言，引力是通过物体之间的吸引形成的。但对爱因斯坦来说，这种相互作用不是直接发生的，而是通过一个中介：几何（图 5.20）。如果说我们的行星绕着太阳转，是因为后者作用于时空的几何，而正是这个几何让地球具有了轨道。

回想一下贝尔特拉米和庞加莱的圆盘：生活在上面的生物在靠近边缘的过程中会在我们眼中变得越来越小。爱因斯坦断言，在你接近一个巨大的天体时也会发生同样的事情：你越接近它，你就越小。而天体的质量越大，这种缩小程度就越厉害。当然，这只是一种地图效应，从你的角度来看，你不会感觉到大小有变化。但是，这将对你的几何产生影响。

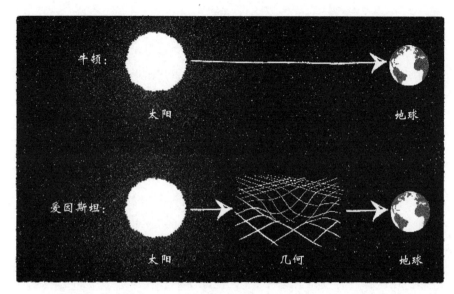

图　5.20

　　就以太阳两侧的两个点为例。连接这两个点的直线在爱因斯坦的
几何中和在欧几里得的几何中是不一样的。在爱因斯坦的几何中，它
应该是向外弯曲的（图 5.21）。

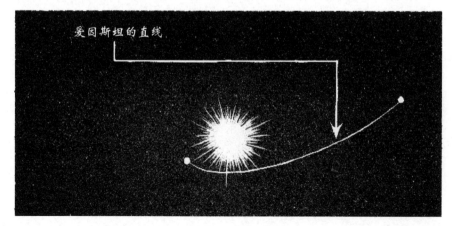

图　5.21

爱因斯坦的直线看起来是弯曲的，就像飞行员的直线向两极弯曲、贝尔特拉米圆盘上的生物的直线向圆盘中心弯曲一样。事实上，这是时空中两点之间的最短路线。如果我们画几条这样的直线并把它们延长，我们就会得到图 5.22 所示的结果。

图　5.22

椭圆！而这些椭圆正好与天体绕太阳运行的轨道相符。这就是广义相对论的第一个重大启示：在爱因斯坦的几何中，行星不旋转，而是沿直线运动！这篇论文既绝妙又优雅。对于爱因斯坦而言，一切都在直线上运动，一刻不停。物体之间没有相互吸引，它们之间没有丝毫吸引力！一切都只是在继续前进，既没有改变速度，也没有改变方向。行星沿直线围绕太阳旋转。月球沿直线围绕地球旋转。苹果沿直线掉落在地上。

　　因此，时空是一种弹性物质，只要里面有质量，其几何就会发生变形。而正是在这种几何中，天体的轨迹才遵循其路线。质量改变了几何，几何改变了质量的轨迹。通过这种时空和物质之间的永恒交换，巨大的天体时钟运转不停。

　　以下这种描绘爱因斯坦几何的方式颇为常见（图5.23）。

图　5.23

　　时空呈现为一个二维网格，太阳的质量在这个网格中挖了一个洞，就好像它被放置在一张有弹性的画布上。其原理有点儿类似于绘制世界地图的原理：想要理解各大洲的变形和飞机的轨迹，你就得把这张地图放置在三维地球仪上。平面球形图的变形可以用我们星球的曲率来解释。同样，这种描绘通过时空的曲率解释了爱因斯坦的几何。就好像每个天体都在里面挖了一个洞，天体越重，洞就越大。因此，从太阳的一侧到另一侧，绕过它的路线确实要比进入洞内的路线要短。

这种看待事物的方式很实用，有助于我们的大脑去理解爱因斯坦的几何。但是，我们必须意识到其局限性。我们的时空不是二维的，而是四维的，因此，如果我们必须弯曲这个时空，那么就应该在五维、六维或更多维的时空中挖洞。此外，没有任何证据可以证明这些洞确实存在。我们宇宙的地图效应是曲率的结果，就像飞行员的几何那样，还是纯粹抽象的结果，就像贝尔特拉米和庞加莱那样？今天，没有人知道这个问题的答案，而且这种情况可能会继续下去，因为这两种解释处于完美的误解状态。但无论哪种解释，其定理和计算都是一样的。

现在，令人苦恼的时刻到来了。你还记得吗？我们已经在牛顿那里体验过这一时刻了。发现这样一个美丽的理论是令人振奋和陶醉的，但我们不能忘记，这只是一个理论。一个单纯的数学世界，也就是一个想象的世界。无论广义相对论多么优雅，它在得到现实的认可之前是毫无价值的。必须进行实验。必须拿它和观察结果进行对照。它来得正好，因为有一个关于水星的小问题需要解决。

于是，爱因斯坦拿着他的方程进行了计算，结论出来了，直截了当、清晰明确：广义相对论准确地预测了水星的运行轨迹。理论和观察之间不再有丝毫的差异。千百年前的欧几里得和牛顿都要佩服得五体投地了。

当然了，在一个行星上行得通并不足以让人们高呼胜利。爱因斯坦还表明，在几何变形不太强烈的构型中，牛顿的理论是他的理论的一种近似。正如只要不超出小距离的范畴，飞行员的几何与欧几里得的几何相似；只要不涉及大质量的天体，爱因斯坦的结果与牛顿的结果相似。换句话说，对于水星之外的所有行星，爱因斯坦的方程和牛顿的方程一样有效。

广义相对论走在康庄大道上，但还没有大获全胜。这样一个如此重要的理论想要冠冕加身还需要更多的支撑。爱因斯坦的新几何刚刚解释了一颗行星轨迹的微小变化。这很好，但我们不该有丝毫的夸大其词，因为这还没有达到令人叹为观止的程度。尽管有些许错误，但牛顿的理论已经带来了重大的发现，并进一步推动了我们对宇宙的理解。牛顿理论的声望依然很高，因此不可能忽然就被扫地出门。

爱因斯坦的理论在字面上看起来更好，但它能在声望上与牛顿的理论一较高下吗？是否可能通过爱因斯坦的数学发现我们还不知道的新事物、新天体和新现象呢？这一理论是否能够大放异彩，成就伟大的发现，产生轰动的效应，最终在人们的心目中留下印记，并庄重地确立自己的权威呢？

在这一对合理性的追求中，爱因斯坦将会获得一位令人赞叹的英国人——亚瑟·埃丁顿（Arthur Eddington）的助力。这位天文学家是个贵格会信徒，他的英国同胞刘易斯·弗赖伊·理查森——分形的先驱，也是贵格会信徒。他与理查森一样，信念使埃丁顿成了一名坚定的和平主义者，他也和理查森一样，拒绝在第一次世界大战期间参军。从 1916 年开始，在英国和德国冲突不断时，埃丁顿便是爱因斯坦思想在盎格鲁 - 撒克逊世界亲力亲为的主要传播者之一。他举办了几次讲座，并撰写了几篇关于这个主题的文章。但这个英国人想要走得更远。1919 年初，他完成了一个重大项目，这个项目将为广义相对论奏响凯歌。

这一年，一次日全食被预测将在 5 月 29 日发生。其路线应该在上午从南美洲开始，然后穿越大西洋，并于下午早些时候在撒哈拉以南非洲结束。埃丁顿和他的几位同事对这次日食已经想了三年。这是在天文学历史上获得绝无仅有之体验的绝佳机会。

我们常常会忘记，天空中的星星在白天和在夜晚一样多。我们之所以在白天看不到这些星星，是因为微弱的星光被太阳的光芒掩盖了。只有在一种情况下我们才能在白天观察到这些星星：日食。

埃丁顿的想法是：如果他能观察到一颗在天空中的位置靠近日食的恒星，则意味着这颗恒星的光线必须掠过太阳的主体附近才能到达我们这里。但是，在这种情况下，爱因斯坦理论的描述和牛顿理论的描述并不一样。对牛顿来说，光线不受引力的影响，而是沿欧几里得的直线疾驰，因为光线没有质量。而对爱因斯坦来说，几何跟所有人都相关，尽管光线没有质量，但它必定是稍稍向外弯曲的（图 5.24）。

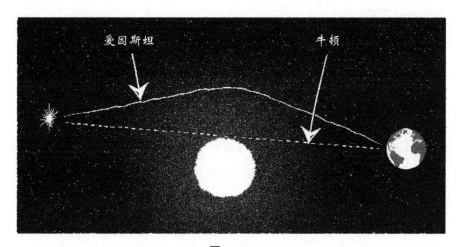

图　5.24

在地球上，这就意味着遥远恒星的光线不会沿着相同的方向到达我们这里。换句话说，这颗恒星的位置在我们看来略有移位（图 5.25）。

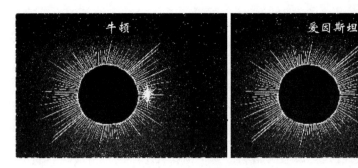

图　5.25

　　于是，亚瑟·埃丁顿和几个同事组织了一次日食考察。他们决定在加蓬沿海普林西比岛的桑迪搭建观测站。埃丁顿带着从英国牛津大学天文台借来的高精度仪器在 3 月启程。到了 5 月中旬，他的仪器已经安装完毕，可以投入使用了。日食将在两周后，也就是 5 月 29 日的下午 2 点发生。

　　可惜的是，无论实验计划得多么周全，但有些事情终究是人无法控制的。当这一天终于到来的时候，观察条件简直糟糕透顶。当天上午，普林西比岛陷入暴风雨之中，大雨倾盆而下，兜头浇在考察队队员们的身上。到了中午，雨停了，但天空仍然覆盖着厚厚的云层。无助的埃丁顿除了等待和希望什么也做不了。下午 1 点 30 分，距离日食还有半个小时，阳光开始羞怯地透出云层。观测条件并不理想，但整个团队都在忙碌不停。下午 2 点，日食开始了。

　　在六分钟里，月球阴影的奇异黯黑笼罩着岛上的景致。一阵清风徐徐吹起，普林西比岛陷入这片虚幻而迷人的夜色之中。断断续续的云朵不停涌起，但眼下已经不能再耽搁下去。埃丁顿竭尽全力拍摄了几张日食的照片（图 5.26）。

图　5.26

日食结束后，压力有所缓解，但仍需等待结果。当时还没有进入数字和即时的时代。为了获得定论，眼下必须花时间去冲洗照片。

6月3日，埃丁顿拿到了照片。大多数照片没有拍摄成功，从中得不到什么有用的东西。除了一张。在这张照片中，位于15亿千米外的毕星团（Hyades）似乎略微偏离了它平时的位置。埃丁顿进行了数学计算，而且算之有效！这个偏差和广义相对论的预测相一致。一张照片上一个小光点在位置上几毫米的差异，就这样印证了关于宇宙、空间和时间的最宏大的理论！

轰动的反响旋即而起。这个消息传遍了世界，远远超出了科学界的圈子。要知道，尽管在此之前，爱因斯坦的名字已为他的物理学同行所熟知，但大多数普通人仍然对他一无所知。1919年，爱因斯坦上了头条新闻，全世界的人都知道了他的模样。在第一次世界大战结束后不到一年的时间里，英国人埃丁顿几经波折的冒险不仅展现了科学的才能，更具有了极高的象征意义。就连爱因斯坦的个性都备受众人青睐。蓄着小胡子、性情乖张的天才，推翻了牛顿的理论，并以某种不为人知的方式将空间和时间合为一体，这个形象获得了公众的追捧。从那一天开始，爱因斯坦的传奇拉开了序幕。

然而，在那个时候，世人还不知道亚瑟·埃丁顿对自己的观测结果做了些许篡改。那一天，普林西比岛的天气实在糟糕，即便拍得最好的那张照片也只是模糊地呈现出被拍摄恒星的实际位置。诚然，差异肉眼可见，但其测算结果尚不确定，秉承严格科学伦理的人会更为谨慎地对待这一结果，本不该从中得出任何定论。这个英国人是想通过宣布自己的结果虚张声势吗？还是因为他太过兴奋，甚至他本人都信了自己的小小谎言？对此，我们或许永远都不会知道答案。但就在全世界都在赞颂爱因斯坦的时候，天文学家们却依然保持着谨慎。

过快地宣布一个不确定的结果可能会带来风险。在发现火神星时行事略显草率的勒威耶也会赞同我们的这个看法。但这一次，埃丁顿的运气更好，他的大胆将会得到回报。爱因斯坦是对的，而随后的实验只会证实这一点。自 1919 年以来，科学家已经观察到很多次其他的日食，而如今，预期的结果已经被确认无疑。靠近太阳的恒星确实出现了偏移。

这一次，牛顿输了。时空的几何不是欧氏几何。颇具讽刺意味的是，埃丁顿观察日食的地点和日期正是通过《原理》中的方程计算出来的。

寻找黑洞

在日食的辉煌之后，广义相对论陷入低潮。就像任何一项人类活动，科学也会受到其主导者情绪波动的影响。科学家们也有他们的风潮，一个流行了数年的话题可能会在一段时间后被人遗忘。在三十来年里，广义相对论已不再引领风潮。

导致相对论暂时无人关注的原因有几个。首先，竞争已然很是激烈。20 世纪初是物理科学的黄金时代，很多惊人的发现接踵而至，以至于研究者都不知道该从何处着手①。除此之外，还需补充的一点是，

① 特别是在伴随着核物理学和量子力学发展的微观领域。

爱因斯坦的理论如此精确，因而它几乎是无法实现的。除了水星和日
食，相对论的有趣现象要么太过罕见，要么太过遥远，乃至无法观察
得到。

　　直到 20 世纪 50 年代，这种形势才有所改变。新一代科学人将接
过火炬，并把探索工作推进到几年前可能看似合理的范围之外。相对
论将被证明比预期的要丰富得多。几十年后，科学家将通过这一理论
发现新的天体和新的现象，就连素以思维大胆著称的爱因斯坦本人都
拒绝相信这些天体和现象。

　　1952 年，法国数学家伊冯娜·肖凯－布吕阿（Yvonne Choquet-
Bruhat）首次证明了爱因斯坦的方程有解。这听起来似乎令人难以置
信，但广义相对论的技术性极强，甚至在此之前无人能解。老实说，
很少有人曾对这些解法的存在有过怀疑，但此前的所有研究都基于爱
因斯坦的几何确实存在这一未经验证的假设。这有点儿像古希腊学者
们在欧几里得证明正方形存在之前就已经证明了一大堆关于正方形的
定理。

　　实验方面的进展也很迅速。观测仪器的功能越来越强大，技术也
在飞快地发展。1987 年，美国天体物理学家杰奎琳·休伊特
（Jacqueline Hewitt）和她的团队首次观察到一个奇怪的现象：爱因斯坦
环。其原理类似于 1919 年日食的原理，但推向了极致。想象一下，一
个天体的质量如此之大，以至于它偏转的光线足以同时从两侧到达我
们这里（图 5.27）。

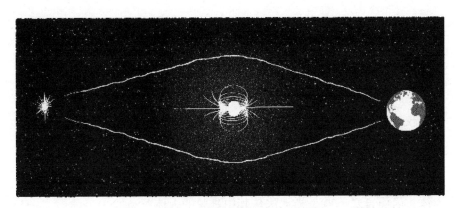

图　5.27

　　向下的光线向上偏转，向上的光线向下偏转，因此两者都到达了同一个位置。情况甚至更甚，因为我们必须把上图想象成三维的。从地球上看，这意味着我们可以多次看到同一颗星星，它的光从四面八方围绕着中心天体朝我们而来！换句话说，我们看到的是一个环（图 5.28）。

图　5.28

　　但是，要观察这种宇宙的幻景，中心天体必须具有巨大的质量，远大于太阳的质量。爱因斯坦不相信在现实生活中会有可能看到这种现象。他错了。我们的现代望远镜如今已经能够拍摄到天空中壮丽的光环。实验再次证实了这一理论。

既然如此,我们就把时空的扭曲再向前推进一步。是否有可能想见不仅会偏转光线,而且会将光线困在其几何形状中的天体呢?是否有可能想见,其光线可以像行星围绕太阳运行那样围绕它运行的天体?是否可以想见,光线可以像苹果掉落在地球上那样掉落在其上的天体?简而言之,就是光无法从其中逃脱的天体?

根据相对论的方程,这样的天体在理论上是可能存在的。很多物理学家,比如斯蒂芬·霍金(Stephen Hawking),都开始研究这些数学造物的特性。鉴于它们巨大的质量,我们可以把它们想象成在时空中凹陷而成的非常深,甚至是无限深的洞。由于没有光可以从中逃逸出来,因此我们无法直接看到这些看起来漆黑一片的天体。1968年,美国科学记者安·E. 尤因(Ann E. Ewing)使用了"黑洞"(black hole)一词来指称这些天体。几年后,法语中采用了直译的方式,称其为黑洞(trou noir)。

爱因斯坦并不相信黑洞的存在。这位相对论之父只把它们看作与现实毫无关系的理论奇物。然而,从20世纪60年代开始,一些线索开始表明相反的情况。科学家们怀疑大多数星系的中心,尤其是银河系,有可能存在黑洞。即使无法直接观察到它们,但这样的物体必然会不可避免地在其周围留下线索,比如爱因斯坦环或其他类似的幻景。21世纪初,大多数天体物理学家开始相信黑洞的真实存在,但还未能进行任何直接的观测。

2006年,一个大型项目诞生了:事件视界望远镜(EHT)计划。这个计划旨在协调世界上最庞大和最强大的望远镜，以便能够同时观察天空中有可能隐藏着黑洞的区域。该项目需要几年才能收到成效。最终，在 2019 年 4 月 10 日，也就是埃丁顿观测到日食的一个世纪之后，EHT 团队宣布观测成功，并发布了史上第一张黑洞照片①。

这张照片是在室女座 M87 星系的中心位置拍摄到的。这个超大质量的黑洞大到超乎想象。它的质量相当于 60 亿个太阳的质量，其直径为 380 亿千米，相当于日地距离的 250 倍。如果地球的大小相当于一粒粗面粉，那么与之相比，这个黑洞的直径就会超过 2 千米！

当然了，你无法真正看到照片中的黑洞。我们所能看到的，是它在一道光环中间留下的空隙，就像一个由它周围所有事物的增强光线形成的超级爱因斯坦环。这个结果绝对令人叹为观止，拍摄到的真实图像与根据方程进行的计算机模拟毫无二致。这一次，结果毋庸置疑：黑洞这个宇宙怪兽确实存在！

生活在一个重大科学发现飞速接踵而至的时代，我们是多么幸运啊！想想看：智人这个物种已经有三十多万年的历史，而我们这一代是首代能够观察到宇宙中最神秘、最超乎想象之天体图像的人。诚然，黑洞的第一张照片是模糊的，但毫无疑问的是，在未来的几年中，技术将变得更加完善，从而让我们能够看到越来越入微的细节。我们很快就会获得更好的照片。但无论如何，2019 年将永远是人类历史上首次观测到黑洞的年份。

我们可以讲述无数关于黑洞的事情，因为这些天体是那么迷人、

---

① 你在本书的"了解更多……"部分可以看到这张照片的黑白复制品，但我建议你去互联网上搜索并查看这张照片的彩色版。

可怕和充满惊喜。但我想跟你说说黑洞附近的时间会发生怎样的变化。

到目前为止，我们重点关注的是使光线发生偏转的空间的扭曲。但我们不该忘记，在相对论中，时空是一个弹性体，而一切都在一起变形。处在一颗大质量的天体附近时，你看起来更小，但你生命的节奏似乎也变慢了，就好像你的时间流逝得慢了。当然了，从你的角度来看是没有任何变化的，这只是一种时间的地图效应。变慢只存在于外部观察者的视角之中。

这种时间的扭曲存在于所有大质量天体的附近，包括地球。你在海平面上比在山顶上衰老得要慢。当然，我们人类的感官是无法察觉到这种影响的，但为了让我们先进的技术手段能够良好地运作，有必要考虑到这一因素。我们的全球定位系统（GPS）有赖于在地球表面以上 20 000 千米的卫星而得以运转，因此，卫星的时间比我们的时间流逝得要快一点儿。准确地说，我们每天都要比这些卫星老 3800 万分之一秒。这个时间听起来可能微乎其微，但按照闵可夫斯基的换算，这相当于 11 千米的距离！如果 GPS 不考虑这种时间的相对性，那么我们的位置就会出现好几千米的偏差。

这种时间的膨胀在黑洞附近达到了极致。黑洞的质量如此之大，以至于在你接近它们时就会出现一个无限变慢的界线。这个界线是黑洞周围的一片区域，我们称之为事件视界。如果你接近并越过事件视界，那么无限的时间在你看来就会是有限的。

这一原理与贝尔特拉米和庞加莱圆盘的边缘是一样的。当你从外部观察时，你看到的是一个有限的圆盘，但圆盘上的居民看到的就是一个无限的空间。同样，如果你朝着事件视界移动，你就会看到周围的世界加速得越来越快。你会看到星系旋转加速，星星在越来越快的转瞬之间诞生和消亡。一切都会越来越快，直到你越过事件视界。在那一刻，你将看到整个宇宙的历史。对你来说，这只会持续几分钟。

回想一下贝尔特拉米圆盘上的生物，想象一下在它们的圆盘之外放置一个点（图5.29）。你会如何向它们解释这个点在哪里呢？

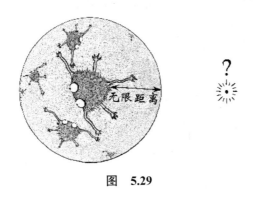

图　5.29

对它们来说，圆盘是无限的，所以点在圆盘之外、无限之后的某个地方，在一个它们的感官无法企及的区域。

同样，任何越过黑洞事件视界的东西都在我们宇宙的时间之外。它们在那以后生活在永恒之后的某个地方（图5.30）。而在另一个专属于它们的时间里，生活在黑洞之外的生物即便永生也无法企及这个时间。

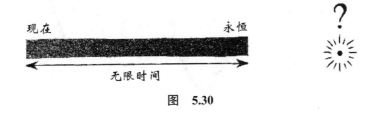

图　5.30

于是，我们会合理地想要知道，如果我们在一个方向越过事件视界之后从另一个方向再次越过事件视界并回到宇宙中，会发生什么。

当永恒已经过去，我们会在那里找到什么呢？答案很简单：这种回返是不可能的。一旦越过黑洞的事件视界，没有任何东西会从黑洞中出来，就连光也不会。这个答案可能令人沮丧，但这种不可能确保了爱因斯坦理论的一致性。在事件视界之外，我们进入了一个有去无回的时空区域，这个区域和宇宙的其他部分分离开来，那里的事物以截然不同的方式运作。这种无限的时间扭曲是黑洞的一个奇特之处，但远非唯一的奇特之处。

引力波之于时空就像波浪之于海洋。想象一下太阳打嗝，并时不时在太空中惊跳几下。由于它的质量扭曲了时空，这些"嗝"就会在其周围产生一圈圈传播开来的几何状波。有点儿像水中的涟漪。于是，欧几里得的定理将开始随着这颗恒星惊跳的节奏振荡。如果我们试图画正方形，那么根据循环的时间，我们的尝试大体上都会失败（图 5.31）。

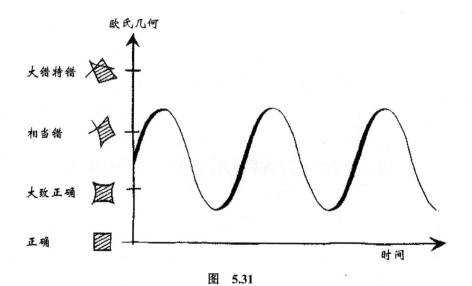

图　5.31

太阳不大可能会打嗝，但空间中存在的一些周期性现象可以产生这样的波：当两个大质量的天体相互绕行时。在我们的银河系中有许许多多的双星系统，它们以永恒相互绕行的方式共同存在。可惜的是，我们知道的所有恒星都太过遥远，无法从地球上探测到它们的波。就像水中的涟漪，引力波随着距离的增加而逐渐消失。

但想象一下我们可以找到两个相互绕行的巨大黑洞。相对论预测这两个黑洞会旋转得越来越快，从而靠得越来越近，直到在一次超乎寻常的大碰撞中合二为一。这样的碰撞该会产生现象级的时空波！规模大到让我们有了可以探测到它们的希望。

爱因斯坦早在 1916 年就用他的理论预言了引力波的存在，但再一次，直到一个世纪之后，技术才发展到可以观测到引力波的水平。21世纪初建成的激光干涉引力波天文台（Ligo）和室女座引力波天文台（Virgo）就是为了这一目的而建造的。前者位于美国的华盛顿州和路易斯安那州，后者位于意大利，毗邻伽利略的出生地比萨。这两款探测工具在操作上并没有新奇之处，它们的建造原理与迈克耳孙和莫雷在19 世纪用来测量光速的仪器的原理一样。不同的是，这两款探测器的体量要大得多：它们的长和宽都达到 3 至 4 千米！

与我们想象的不同，这种装置并没有瞄向天空。这只是一种被封在由镜子组成的隧道中的装置，在镜面上反射的激光束可以极为精确地测量距离。如果有引力波在此通过，这个装置就能探测到几何形状的变化。待装置就位后，我们能做的就是等待和希望。

最终的结果在 2015 年 9 月 14 日 9 时 50 分 45 秒出现了。在 1/5 秒里，也就是在一眨眼的工夫都不到的时间里，这一装置记录下时空的一次微小振动。再一次，实验给出了与爱因斯坦理论的预测完全一致的结果。

从收集到的数据可以推断出，距离地球超过 10 万亿千米的两个黑洞在被天文学家称为麦哲伦云的某个地方融合。事实上，这一碰撞在很久以前就已发生。引力波以光速传播，花了十多亿年才到达我们这里。振动的幅度和形状让我们得以计算出这两个黑洞在融合前的质量分别为 36 个和 29 个太阳质量。由此产生的单个黑洞的质量相当于 62 个太阳质量。你可能已经注意到，36+29 并不等于 62。少了的那 3 个太阳质量去哪儿了？根据方程 $E=mc^2$，它们转化成了能量！这 3 个蒸发掉的太阳质量提供了足够的能量来形成强大的引力波，好让这些引力波能够穿越十多亿年来到我们的地球，并让我们得以在地球上探测到它们。

人们往往很难想象我们的技术在近几年所取得的非凡进步。你还记得布给和孔达米纳在秘鲁成功地以 0.02% 的精度测量子午线弧度的壮举吗？仅仅三个世纪之后，Ligo 探测到的距离变化就达到了相当于每 4 千米有千京分之一毫米偏差的精度，即 0.000 000 000 000 000 000 03 % 的精度。按照同一比例，就好比我们可以对银河系进行精度达到约 3 厘米的测量！换句话说，如果我们绘制出和银河系一样大的巨型几何图形，并对其应用欧几里得的定理，那么引力波的通过就会让我们的结果的准确性出现大约 3 厘米的波动。这堪称毫厘之差，我们却成功地探测到了这一差异。

此次探测结果不仅是对广义相对论的极度准确的新确认，而且还标志着科学史上前所未有的转折点。人类第一次成功地创造出一种感知世界的新方法。引力波既不是我们看到的图像，也不是我们听到的声音，更不是我们尝到的味道。没有任何一种动物具有感知它们的能力。引力波是一种新的感知。

在 2015 年 9 月 14 日之前，我们对遥远宇宙的一切了解都归功于光。我们通过可以感知不为肉眼所见的颜色的设备拓展了自己的目力，但所有这些设备除了捕捉光线外别无他用。而现在，我们第一次以一种全新的方式感知到了黑洞。在牛顿的数学发现了一颗行星的地方，爱因斯坦的数学发现了一种甚至在几代人之前都无法想象的感知。在这个实验中，黑洞几乎是次要的！重要之处在于其他。就在那一天，一门新的科学诞生了：引力波天文学。而谁又知道这门新的科学将告诉我们什么呢？

回顾我们的科学史，我们会看到，短短几个世纪以来取得的巨大进步令人叹为观止。我们——智人，成功收集到的大量知识令人印象深刻。但想到还有我们肯定仍然不知道的一切潜在之物，那就更让人感到惊诧了。有多少东西是我们没有看到的？牛顿、欧几里得、佩亚诺、布给、纳皮尔、尼普尔的书吏，还有我们所有的祖先，都曾在他们的生活中被引力波穿越而过，但一刻都未曾想象过这种现象真的存在。那么有多少事件（或远或近的）已经存在，却仅仅因为我们没有能力感知和设想而不为人所知？有多少问题仍在等待着人类去解答？有多少证据明明就在我们眼前，而我们却不知道如何看到？

让我们保持耐心和好奇心，让我们慢慢品味无知的快乐，让我们不带愧疚地享受欺骗人的感官，适应有时会对人撒谎，有时会在黑暗中投下几束火花的大脑。时间，如果它存在的话，也许会回答那些我们从未问过自己的问题。

了解更多……

关于我们在前文中谈到的所有主题，还有千言万语可以述说。从对数到相对论，从万有引力到无穷大，每个主题都异常丰富，以至于每个主题都有成卷的专门著作，一些学者耗尽毕生精力去研究它们。为了讲述这些故事，我不得不做出选择，舍弃一些激动人心的事情，对一些细节视而不见，以便直奔主题。

但是，有一点，我认为有必要做一些澄清。在讲述科学史的时候，沉醉于一些魅力非凡、才华横溢的杰出人物的冒险中，是一件愉快的事情，这些人物在他们所处的时代和领域都留下了不可磨灭的印记。欧几里得、牛顿或爱因斯坦，个个都堪称天才。但现实总是比我们讲述的故事要更复杂和微妙。科学首先是一种集体冒险，孤独的天才凭借一人之力做到了别人做不到的事情，这种传说纯属无稽之谈。

就以爱因斯坦为例。有人可能会问：没有爱因斯坦，我们的科学今天会是什么样子？嗯，或许会是同一个样子。当然，爱因斯坦发挥的作用是决定性的，而这不是是否要剥夺他应得荣耀的问题。他懂得如何巧妙地协调那个时代正在萌芽的科学思想，并用自己的发现对其进行补充。但如果不是他，其他人也迟早会那样做，或许会以不太一样的方式去做，或许会以不同的顺序去做。然而毫无疑问的是，在 21 世纪初，我们仍然会知道相对论。

1900 年，也就是狭义相对论发表五年前，在亨利·庞加莱的一篇文章中已经出现了 $E=mc^2$ 这个方程，尽管当时只是在特殊情况下被提了出来。1892 年，亨德里克·洛伦茨（Hendrik Lorentz）在电动力学的框架内首次提出了空间和时间膨胀的方程。自 19 世纪末以来，空间几何可能不是欧氏几何的想法就一直萦绕在很多科学家的脑中。简而言之，在爱因斯坦来到时，相对论已经时兴起来了。

这一事实涉及本书中讨论的所有主题。许多如希波克拉底这样的希腊学者早在欧几里得之前就已经开始撰写《几何原本》了。到了纳皮尔的时代，数学已经发展到足以迎接对数到来的阶段，其他几位数学家，如约斯特·比尔吉（Jost Bürgi）或亨利·布里格斯（Henry Briggs），也为对数的出现做出了贡献。牛顿在《原理》中发明的数学工具——微积分——在同一时间也被德国的莱布尼茨研究出来，结果，对微积分发明权的归属问题争议迭起。曼德博在分形研究中发挥了决定性的作用，但在他之前，包括朱塞佩·佩亚诺或瓦茨瓦夫·谢尔宾斯基在内的十来位数学家已经在这个方向上有所突破。数百名顶级科学家的国际合作使得拍摄第一张黑洞照片和探测引力波成为可能。这个名单可以一直延续下去。一代又一代人对这个世界充满好奇，以各种方式为科学的进步做出了贡献。因此，如果你想要继续这段旅程，那么就还会有许许多多伟大而令人激动的人物等待你去认识，还会有许许多多关于我们宇宙的奇迹等待你去发现！

在下文中，你会看到一些提示、建议和题外话，它们可能会在你未来的探索中引发你的兴趣。

第一章　超市定律

本福特定律

$$F = \text{LOG}_{10}\left(1 + \frac{1}{D}\right)$$

想要进一步了解侵入我们时代，而我们又不是很清楚如何解释和分析的数字，我推荐你读一读乔丹·艾伦伯格（Jordan Ellenberg）的《魔鬼数学》（*How Not to Be Wrong: The Power of Mathematical Thinking*）。此书通过很多不同领域的例子告诉我们，直觉如何时不时地欺骗我们，而数学又可以通过哪些方法来进行补救。

如果你有兴趣深入了解大脑的深处以及它是如何思考数字的，那么斯坦尼斯拉斯·德阿纳（Stanislas Dehaene）的《数学隆凸》（*La Bosse des maths*）会是一本很好的参考读物。这本书文字相当平易近人以全面而引人入胜的笔法，概述了神经科学教给我们的关于在大脑的核心如何思考并形成数学的方式。

如果你碰巧在车库甩卖摊或跳蚤市场闲逛，那么你可以借机看看能否找到那种旧版对数表。阿歇特出版社出版的黄色小本布瓦尔和拉蒂尼对数表是最常见的版本之一，20 世纪初的某些版本也并不少见。这些对数表可能对你的计算不再有多大用处，但翻阅这些布满纳皮尔数字的纸页总会令人心生感佩，这些数字曾对我们的科学进步做出过巨大的贡献。

关于约翰·纳皮尔，其姓氏 Napier 在英语中读作 "Naipieur"，在历史上有过不同的写法。需要指出的是，在 17 世纪，这一姓氏还没有像今天这样固定下来。据资料显示，"纳皮尔"曾经出现过的写法有 "Napair、Napeir、Nepair、Nepeir、Neper、Napare、Napar" 和 "Naipper"。讽刺的是，现在确定下来的写法 "Napier"，似乎是这位苏格兰数学家生前唯一没有见过的写法。

补充书目

Benford Frank, « The Law of Anomalous Numbers », *Proceedings of the American Philosophical Society*, mars 1938, vol. 78, no 4.

Bouvart Camille et Ratinet Alfred, *Nouvelles Tables de logarithmes*, Hachette, 1957.

Church Russell M. et Deluty Marvin Z., « Bisection of Temporal Intervals », *Journal of Experimental Psychology : Animal Behavior Processes*, juillet 1977, vol. 3, no 3, p. 216−228.

Collectif IREM de Grenoble, *Quel est l'âge du capitaine?*, Bulletin de l'APMEP no 323, avril 1980.

Dehaene Stanislas, Izard Véronique, Spelke Elizabeth et Pica Pierre, « Log or Linear? Distinct Intuitions of the Number Scale in Western and Amazonian Indigene Cultures », *Science*, mai 2008, vol. 320.

Laplace Pierre-Simon, *Exposition du système du monde*, Imprimerie du Cercle Social, 1796.

Napier John, *A Description of the Admirable Table of Logarithmes* (*Mirifici Logarithmorum canonis Descriptio*), traduit du latin en anglais par Edward Wright, Simon Waterson, 1616.

Napier Mark, *Memoirs of John Napier of Merchiston, his Lineage, Life and Times, with a History of the Invention of Logarithms*, William Blackwood et Thomas Cadell, 1834.

Newcom Simo, « Note on the Frequency of Use of the Different Digits in Natural Numbers », *American Journal of Mathematics*, décembre 1881, vol. 4, no 1.

Platt John R. et Davis Eric R., « Bisection of Temporal Intervals by Pigeons », *Journal of Experimental Psychology : Animal Behavior Processes*, avril 1983, vol. 9, no 2, p. 160−170.

Proust Christine, *Tablettes mathématiques de Nippur*, Institut français d'études anatoliennes – Georges Dumézil, De Boccard Édition 2007, p. 3 – 4.

Siegler Robert S. et Booth Julie L., « Development of Numerical Estimation in Young Children », *Child Development*, mars/avril 2004, vol. 75, no 2.

下次你去超市的时候，看看价格的前几位数字。即便你对这种数字已经见怪不怪，但在亲眼看到它时依然会觉得醒目异常。

第二章　苹果和月亮

引力定律

$$F = G\,\frac{M_1\,M_2}{D^2}$$

弗洛伦斯·特里斯特朗（Florence Trystram）的《星辰的审判》（*Le Procès des étoiles*）讲述了布给、拉·孔达米纳和同伴们为测量子午线而前往秘鲁的探险。这本引人入胜的书带着我们走进主人公日复一日的探险生活，包括挫折、人类的挑战和科学的希望。这本书读起来就像小说，没有技术细节的讨论，所有人都可轻松阅读。

牛顿的《原理》技术性强，就连那些不习惯当时文风的数学家们读起来也颇为困难。另外，埃米莉·杜·夏特莱（Émilie Du Châtelet）的法译本则附有译者的评论，可谓是成功的试水普及版。这个附录的标题是《世界体系简述及牛顿先生之〈原理〉中主要天文现象的解释》（*Exposition abrégée du système du monde et explication des principaux phénomènes astronomiques tirée des Principes de M. Newton*）。尽管其中有少量的小计算，但整体上读来颇为轻松，无须过多的知识储备。

这本书的文风令人愉悦，此外，埃米莉·杜·夏特莱还对那些有时会迷失方向的科学家进行了无伤大雅的调侃，包括开普勒及其关于柏拉图立体的离奇体系，我们在前文中谈到过这一点。她写道："开普勒仅靠遵循几何的指引就获得如此美丽和重要之发现，提供了最引人注目的证据之一，那就是：最优秀的头脑在放弃这种指引而沉溺在发明系统的乐趣中时，会走上歧途。"

补充书目

I. I. Baliukin, J.-L. Bertaux, E. Quémerais, V. V. Izmodenov, et W. Schmidt, « SWAN/SOHO Lyman-α mapping : the Hydrogen Geocorona Extends Well Beyond The Moon », *JGR Space Physics*, février 2019, vol. 124, p. 861–885.

Barton Bill, « The Language of Mathematics », *Telling Mathematical Tales*, 2008.

Pierre Bouguer, *La Figure de la Terre*, 1749.

Calais Éric, Cours de géodynamique, chapitre 4 : « Pesanteur et géoïde », 2016.

Celsius Anders, « Observationer om twänne beständiga grader på en thermometer », *Kungliga Svenska Vetenskapsakademiens Handlingar*, 1742, vol. 3, p. 171–180.

Kepler Johannes, *Mysterium Cosmographicum*, 1596.

Kepler Johannes, *Astronomia Nova*, 1609.

Newton Isaac, *Philosophiae naturalis principia mathematica*, 1687 ; traduction française par Émilie du Châtelet, 1756.

William John Thoms, John Doran, Henry Frederick Turle, Joseph Knight, Vernon Horace Rendall et Florence Hayllar, *Notes and Queries : Umbrellas*, Oxford University Press, 1950 ; rééd. 2006, p. 25.

第二章中提出的雨伞比喻经常用于指代以下三个步骤的过程：撑开雨伞、行走、收起雨伞。但是，"雨伞定理"这种说法并不通用，而是我自己的发明。请注意，这个结果严格来说并不是一个"定理"，但我喜欢这种说法，所以还请大家原谅我的这个偏差。在数学中，根据上下文，这个非定理可以被称为"基础变化公式"或"内自同构"。

第三章 无限的曲折

分形维数

$$\mathrm{DIM} = \lim_{\varepsilon \to 0} \frac{\log(N(\varepsilon))}{\log(1/\varepsilon)}$$

本华·曼德博撰写了很多关于分形的著作，适合普通读者阅读。比如《分形对象：形、机遇与维数》（*Les Objets Fractals:Forme, Hasard et Dimension*），再比如《分形、机遇与金融》（*Fractales, hasard et finance*），还有英语读者可以一读的《大自然的分形几何学》（*The Fractal Geometry of Nature*）。想要直观地了解分形，你尽可以上网查看能够找到的瑰丽图片，还有分形细节被无限放大的视频。

爱德华·卡斯纳和詹姆士·纽曼在《数学与想象》（*Mathematics and the Imagination*）一书中发明了古戈尔和古戈尔普勒克斯，这是一本畅销书，书中提供了大量示例，并描述了不同经典数学概念的概貌。

补充书目

Archimède, *L'Arénaire*, IIIe siècle av. J.-C.

Cantor Georg, *On a Property of the Collection of All Real Algebraic Numbers*, 1874.

Collectif, *Guinness World Records*, 2010.

Collectif, *Lalitavistara Sūtra*, IIIe siècle.

Euclide, *Les Éléments*, IIIe siècle av. J.-C.

Hausdorff Felix, « Dimension und äusseres Mass », *Mathematische Annalen*, 1919, vol. 79, p. 157 – 179.

Ifrah Georges, *Histoire universelle des chiffres*, Robert Laffont, 1981.

Mandelbrot Benoît, « How Long Is the Coast of Britain ? Statistical Self-Similarity and Fractional Dimension », *Science*, mai 1967.

Peano Giuseppe, « Sur une courbe, qui remplit toute une aire plane », *Mathematische*

Annalen, 1890, vol. 36, p. 157－160.

Richardson Lewis Fry, *The Problem of Contiguity : an Appendix to Statistics of Deadly Quarrels, in General System Yearbook*, Society for General Systems Research, 1961.

Sierpinski, Waclaw, *Sur une courbe dont tout point est un point de ramification*, compte rendu de l'Académie des sciences de Paris, 1915, p. 302－305.

Virgile, *L'Énéide*, livre I, 29－19 av. J.-C.

在这个部分中，我选择不深入集合论的核心，而是集中讨论其关于分形的有用结果。但是，这种选择让我们错过了康托尔最美妙的定理，该定理证明存在许多个无穷大！存在元素无法匹配的无限集合，如整数和奇数的情况。我们所说的康托尔对角线的证明特别优雅，如果你感兴趣，可以自行对这一主题进行研究。

第四章　模糊的艺术

庞加莱度量

$$D(U,V) = \text{ARCOSH}\left(1 + 2\,\frac{\|U-V\|^2}{(1-\|U\|^2)(1-\|V\|^2)}\right)$$

在《科学与假设》（*La Science et l'Hypothèse*）中，亨利·庞加莱对科学以及数学与世界的关系进行了反思。尤其是，他在书中提出了以其名字命名的圆盘，以及孕育了相对论的第四维和观点。这本书出版于 1902 年，比爱因斯坦发表的狭义相对论早了三年。另外，还有一个争议，一些科学家认为，爱因斯坦在这一发现中被赋予了过多的功劳，而庞加莱的贡献则被低估。

想要探索维度的概念，我还可以给你推荐乔斯·雷斯（Jos Leys）、艾蒂安·吉斯（Étienne Ghys）和奥雷里恩·博里（Aurélien Alvarez）拍摄的电影《维度》（*Dimension*）。你可以在网上找到这部电影的免费版。影片中美妙的动画会带着你进入第四维度的世界并欣赏它的各种表现形式。

补充书目

Aristote, *Météorologiques*, IVe siècle av. J.-C.

Aristote, *Organon*, IVe siècle av. J.-C.

Beltrami Eugenio, « Teoria fondamentale degli spazii di curvatura constante », *Annali di Matematica*, 1868, Ser II. 2 : 232 – 255.

Borges Jorge Luis, « Funes el memorioso », *La Nación*, 1942.

Davidoff Jules, Davies Ian et Roberson Debi, « Colour categories in a stone-age tribe », *Nature*, mars 1999, vol. 398.

Euclide, *Les Éléments*, IIIe siècle av. J.-C.

Molière, *L'Avare*, septembre 1668.

Proclus, *Commentaires sur le premier livre des Éléments d'Euclide*, Ve siècle.

Russell Bertrand, « Recent Work on the Principles of Mathematics », *International Monthly*, 1901, vol. 4.

Whitehead Alfred North et Russell Bertrand, *Principia Mathematica*, Cambridge University Press, 1910.

第五章　空间和时间的深渊

空间与时间膨胀系数

$$\gamma = \frac{1}{\sqrt{1 - \dfrac{v^2}{c^2}}}$$

关于相对论的书籍可谓汗牛充栋，你会难以选择。物理学家乔治·伽莫夫（George Gamow）从 20 世纪 40 年代开始创作的《物理世界奇遇记》（*The New World of Mr Tompkins*）非常有趣，也很有教育意义。在汤普金斯先生发现相对论时，伽莫夫给他设置了一个光速为 30 千米 / 时的世界，从而展现出空间和时间的膨胀对我们日常度量的影响。接下来是大量让我们熟悉这种几何的思想实验。

爱因斯坦自己也写过一本很受欢迎的书：《狭义与广义相对论浅说》（*Relativity: The Special and the General Theory*）。但是，这本书的广受欢迎和书中的理论一样，是相对的。爱因斯坦的理论自然比他的科学文章更容易理解，但仍然给出了一些方程，读者需要具有良好的高中教育水平才能充分受益。

1978 年，让 - 皮埃尔·卢米涅（Jean-Pierre Luminet）成为第一个模拟出黑洞图像的人，他也写了几本面向大众的好书。比如 1987 年出版的《黑洞》（*Les Trous noirs*）①，就是一本关于这个主题的参考读物，不仅写得很好，而且还提供了引人入胜的信息。斯蒂芬·霍金的《时间简史》（*A Brief History of Time*）也是一部经典著作和畅销书。而最近，曾师从霍金的克里斯托弗·加尔法德（Christophe Galfard）撰写的《极简宇宙史》（*L'Univers à portée de main*）是一本相当不错的普及读物，它为我们提供了一幅宇宙和目前我们对宇宙认知的迷人全景，而篇幅不长的《*E=mc²*》则对这个方程做出了清晰而简洁的描述。

黑洞和时空的扭曲依然在继续给我们带来惊喜。好吧，我保证，我再给你最后一个惊喜，之后我就会打住。你是否注意到，把超大质量的恒星用作宇宙的镜子是有可能的？

想象一下，光从地球出发，在宇宙中传播，并在恰好半途偏移的距离上和一个黑洞擦肩而过。于是，这些光会返回到可以被我们捕捉从而进行自我观察的方向上。如果这个黑洞距离我们 5000 万光年，就像 2019 年拍摄的 M87* 黑洞，那么光的往返就需要 1 亿年。因此，我们将能够收集到地球过去的图像。恐龙或尼安德特人的图片今天仍在太空中漫游，而几何变形无疑让其中的一些图片回到了我们的身边。

可惜啊，我们的技术手段还远远无法进行如此精确的观察。但有一天也许可以，谁知道呢……

---

① 这本书在 2006 年经增订后，更名为《黑洞与暗能量：宇宙的命运交响》（*Le destin de l'univers: Trous noirs et énergie sombre*，中译本由人民邮电出版社在 2017 年出版）。——译者注

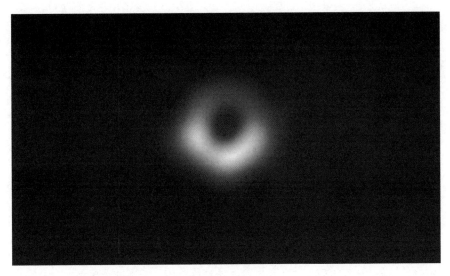

© EHT Collaboration

补充书目

Collectif, « The Event Horizon Telescope Collaboration – First M87 Event Horizon Telescope Results. I. The Shadow of the Supermassive Black Hole », *The Astrophysical Journal*, 2019, vol. 875, no 1.

Einstein Albert, « Zur Elektrodynamik bewegter Körper », *Annalen der Physik*, septembre 1905, vol. 322, no 10, p. 891 – 921.

Einstein Albert, « Ist die Trägheit eines Körpers von seinem Energieinhalt abhängig ? », *Annalen der Physik*, novembre 1905, vol. 323, no 13, p. 639 – 641.

Galilée, *Dialogo sopra i due massimi sistemi del mondo*, 1632.

George Gamov, *M. Tompkins*, Presses de l'université de Cambridge, 1965.

Luminet Jean-Pierre, *Les Trous noirs*, Belfond, 1987.

Minkowski Hermann, « Raum und Zeit », *Physikalische Zeitschrift*, 10, 1909, p. 75 – 88.

在结束本书之前，我还要感谢所有通过支持、鼓励和参与成就了本书的人。我要特别感谢克里斯托弗·阿布斯（Christophe Absi）、克洛伊·布沙伍尔（Chloé Bouchaour）、埃娃·布慈（Eva Bouts）以及马努·乌达尔（Manu Houdart）和罗歇·芒叙（Roger Mansuy），感谢他们睿智而富有洞见的建议。

没有任何关于世界的理论是确定的。数学是美丽的，但它仍然受到现实跌宕起伏的摆布。这是好，也是坏。牛顿为此付出了代价。爱因斯坦又能持续多久呢？

在我们对宇宙的观察中，已经出现了一些不准确之处。天文学家大规模测量的星系运动与相对论的预测并不完全一致。人们为了解释这一点开展了研究工作，并设想存在一种新的物质形式——暗物质，但它尚未被发现。关于这种物质的一切仍有待我们去了解。没有什么是确定的。这个偏差相当于一个海王星，还是一个火神星呢？它会把我们引向哪里：为相对论带来新的荣耀，还是找到一个为它敲响丧钟的新发现？探索仍在继续，这些问题开启的前景是广阔而迷人的。

有一天，我们能否完全了解在这个世界的幕后转动的巨大齿轮？或者，真相会像海洋的天际线一样总是遥不可及？科学家们喜欢的是理论奏效的时刻，但他们中很多人最喜欢的，是理论暴露出自己缺陷的时刻。正是在这些突破口中，蕴藏着发现的兴奋、冒险的趣味和我们对未知领域的迷恋。了解这个世界的道路是如此美丽，我们甚至希望它永远不会走到尽头。

生活在一个科学进步比以往任何时候都快的时代，我们何其幸运！在我们之前，没有任何一代人在一生中看到过这样的进步。所以，让我们紧紧握住这样的机遇，欣赏这个世界上演的精彩芭蕾舞剧，沉醉在世界的绚烂烟火之中。不要害怕自己不知道的事物，它们是你最美的规划。当我们的雨伞不再撑开时，就不要再退缩了。让我们向前迈进吧，让我们赞叹吧，让我们在雨中起舞吧。

精彩的剧目还在继续。

版 权 声 明